普通高等教育"十四五"规划教材

材料分析物理方法

张静武　编著

本书数字资源

北　京

冶金工业出版社

2022

内 容 提 要

本书总结了研究微观形貌、元素、结构与缺陷、原子识别等的主要现代方法，包括：高分辨电镜、分析型电镜、场离子显微镜和三维原子探针、俄歇谱仪和 X 射线光电子谱仪、扫描隧道显微镜和原子力显微镜，各章节的内容按照原理—结构—应用 3 个层面叙述。

本书适合普通高校材料学研究生作为方法课的参考教材，也可供从事材料教学、研究、开发和生产的人员参考。

图书在版编目 (CIP) 数据

材料分析物理方法 / 张静武编著 . —北京：冶金工业出版社，2022.1
普通高等教育"十四五"规划教材
ISBN 978-7-5024-9007-2

Ⅰ.①材…　Ⅱ.①张…　Ⅲ.①工程材料—分析方法—高等学校—教材
Ⅳ.①TB3

中国版本图书馆 CIP 数据核字（2021）第 265459 号

材料分析物理方法

出版发行	冶金工业出版社	**电　话**	(010)64027926
地　址	北京市东城区嵩祝院北巷 39 号	**邮　编**	100009
网　址	www.mip1953.com	**电子信箱**	service@ mip1953.com

责任编辑　于昕蕾　张　丹　美术编辑　彭子赫　版式设计　郑小利
责任校对　王永欣　责任印制　李玉山
三河市双峰印刷装订有限公司印刷
2022 年 1 月第 1 版，2022 年 1 月第 1 次印刷
787mm×1092mm　1/16；9.5 印张；225 千字；141 页
定价 **29.00 元**

投稿电话　(010)64027932　投稿信箱　tougao@cnmip.com.cn
营销中心电话　(010)64044283
冶金工业出版社天猫旗舰店　yjgycbs.tmall.com
（本书如有印装质量问题，本社营销中心负责退换）

前　言

材料分析物理方法是应用基于物理学原理的现代分析技术对材料进行微观表征的方法；主要研究内容包括对固体材料的微观形貌、微区元素、晶体缺陷、晶体点阵、原子构成以及电子结构的观察与分析，从而揭示材料的形成机制、强韧化机制或失效机制等。材料分析物理方法是连接材料制备与材料性能的中心环节，更是发展新材料和发掘传统材料潜能的关键所在。

材料研究需要面对的基本问题，是对文献中各种分析结果的解读和选择合适的方法对材料进行分析。这就要求材料工作者较好地掌握材料分析的各种方法。当前，各种近代分析仪器日趋成熟，并被广泛使用，极大地拓展了材料分析方法的内容，深化了人们对材料本质的认知。基于这种背景，本书介绍了当前广泛应用于材料的微观形貌、元素分析、晶体结构和原子识别等主要现代分析方法。

本书是作者在材料学研究生方法课多年教学的基础上完成的，依据讲稿对内容做了新的组合。每一种方法既是相对独立的，同时也注意到了各方法之间存在的关联性。主要有：TEM 和 SEM 成像模式的组合形成 STEM 分析；SEM 和 STM、AFM 的成像方式都是同步扫描逐点对应；EDS 的元素点线面分析在 EELS 和 XPS 分析中都有相同的操作等。考虑到体系的完整性，本书第 1 章对本科内容的材料电子显微分析（TEM、SEM、EDS、EBSD）做了概要介绍，授课时应不占学时。另外，本书把同类分析的方法组合为一章：3DAP 和 FIM 为第 4 章，主要叙述单原子观察和识别，并且 3DAP 是 FIM 和飞行时间质谱仪的组合；XPS 和 AES 为第 5 章，两者同为表面元素分析方法，XPS 谱中还常伴生有 AES 峰；STM 和 AEM 都可以观察表面形貌，达到原子级别，并且有的 AFM 是通过 STM 操控成像的，这部分为第 6 章。关注这种关联性，有助于深入掌握各类材料分析方法。

本书学习和参考了诸多学者的著作，得到许多老师的帮助，得到河北省研究生示范课项目的资助，在此一并致谢！

以笔者的有限学识，本书难免挂一漏万，期待着读者指正。

作　者
2021 年 10 月

目　　录

1 材料电子显微分析的基础方法

透射电子显微镜（transmission electron microscope，TEM）、扫描电子显微镜（scanning electron microscope，SEM）、X 射线能谱仪（X-ray energy dispersive spectroscopy，EDS）和背散射电子衍射（electron backscatter diffraction，EBSD）在材料分析中应用广泛，其涉及的基本原理和基本构件是电子显微分析和其他分析方法的基础。本章对其基本原理和一般应用做简单介绍。

1.1 高能电子束与固态物质的相互作用

高能电子束在真空中轰击固体试样，会激发出多种特征信号，可以用于对试样进行分析。用于电镜分析的信号有：透射电子（薄试样）、二次电子和背散射电子，图 1-1 是这些信号产生的示意图。

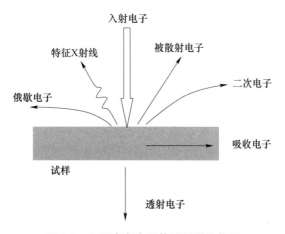

图 1-1　电子束轰击固体试样激发信号

透射电子：固体试样很薄时，入射电子透过试样称为透射电子。透射电子分为弹性散射电子和非弹性散射电子。弹性散射电子保持入射时的能量，是透射电子显微镜主要的成像电子，用于电子衍射分析、衍衬像分析和高分辨像分析。非弹性散射电子能量降低，用于菊池线分析和损失谱分析。

二次电子：被入射电子激发出来的试样原子的外层电子。由于原子核和外层价电子间的结合能很小，二次电子的能量一般为 50eV 左右，这种能量特征使得二次电子只能来自距试样表面 5~20nm 的区域。二次电子产额对试样表面状态非常敏感，能有效地显示试样表面的微观形貌。扫描电子显微镜中，主要用二次电子成表面形貌像。

背散射电子：被样品中原子核散射反弹回来的入射电子，散射角大于 90°，其能量等于入射电子的能量。试样中产生背散射电子的深度范围在 $0.1\sim1\mu m$。背散射电子的产额 η 随原子序数 Z 的增加而增加。当原子序数低于 40 左右时，产额 η 与原子序数 Z 呈线性关系，因此 SEM 用背散射电子作为成像信号，主要用来显示原子序衬度。

当背散射电子发生非弹性散射，可以发生布拉格衍射形成菊池线，在 EBSD 中用菊池线分析晶体位向和微区应变等晶体信息。

特征 X 射线：特征 X 射线是原子的内层电子受到激发以后，在能级跃迁过程中直接释放的具有特征能量（波长）的电磁波辐射。入射电子与核外电子作用，可使内层电子脱离原子，较外层的电子会迅速填补内层电子空位，释放出特定能量。例如：在高能入射电子作用下元素的 K 层电子逸出，原子就处于 K 激发态，具有能量 E_K。当一个 L_2 层电子填补 K 层空位后，原子体系由 K 激发态变成 L_2 激发态，能量从 E_K 降为 E_{L2}，这时的能量增量 $\Delta E=(E_K-E_{L2})$，若这一能量以 X 射线形式放出，就是该元素的 K 辐射 X 射线，此时射线的波长为：

$$\lambda_{k\alpha} = \frac{hc}{E_K - E_{L2}} \tag{1-1}$$

式中，h 为普朗克常数；c 为光速。对于每一元素，E_K 都有确定的特征值，所以发射的 X 射线波长也有特征值，这种 X 射线称为特征 X 射线。

特征 X 射线的波长和原子序数之间服从莫塞莱定律：

$$\lambda = \frac{K}{(Z - \sigma)^2} \tag{1-2}$$

式中，Z 为原子序数；K、σ 为常数。可以看出，原子序数和特征能量、射线波长之间有确定的对应关系，X 射线能谱仪利用这一对应关系进行元素分析。

1.2　透射电子显微镜

透射电子显微镜以电子束作光源，磁场作透镜聚焦成像。可以进行电子衍射、衍衬和高分辨分析；装配相关附件后还可以分析微区元素、晶体位向、表面形貌以及电子结构等。

1.2.1　一般结构与成像原理

透射电镜由电子光学部分、真空部分和电源电器控制部分组成。真空部分的主要部件是真空泵、真空规、真空阀及真空管等，为电子束稳定工作提供高真空、超高真空环境，保证电子自由程，避免灯丝、试样的损伤。电器部分提供电源和电子显微镜的控制单元。电子光学部分是电镜的主体，包括照明系统、成像系统和观察-记录系统，分别有提供光源、成像与衍射以及观察-照相功能。图 1-2 是三极放大的透射电镜电子光学部分的一般结构图。

1.2.1.1　照明系统

照明系统由电子枪和聚光镜组成。照明系统的作用是提供一束亮度高、照明孔径角小、平行度好、束流稳定的电子束作为电子显微镜的照明源。

电子枪：由阴极（发射极）、阳极（加速极）和栅极（控制极）构成，阳极接地，栅

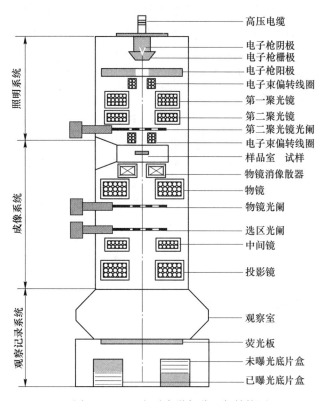

图 1-2 TEM 电子光学部分一般结构图

极和阴极接负高压，电子枪内形成静电场，阴极和阳极之间的电压也是电子的加速电压。电子枪工作时，阴极发射电子，在阳极孔附近汇聚成电子束。用束流的大小表征电子束的电子数量。束流是衡量电子枪性能的重要指标，束流越大电子数量越多，在照明、成像过程中越有利。

聚光镜：用来汇聚电子枪发射出的电子束，以减少照明亮度损失，调节照明强度、孔径角和束斑大小。现代电镜一般都采用双聚光镜系统。第一聚光镜是强激磁透镜，束斑缩小率为 1/50~1/10；第二聚光镜是弱激磁透镜，焦距较长，束斑离透镜较远，为加入倾斜、拉伸以及加热样品台提供了足够的样品空间。

1.2.1.2 成像系统

成像系统由物镜、中间镜和投影镜组成。电磁透镜以强电流，形成磁力线集中的强磁场，实现对电子束聚焦。通过改变透镜的电流可以调整磁场强度因而改变磁场透镜的焦距，即改变放大倍数。近代磁透镜的焦距可达到 1mm 以下。

物镜：靠近样品的强磁透镜，用来形成第一幅电子衍射花样和高分辨率图像。物镜的放大倍数较高，一般为 100~300 倍。目前，高质量物镜的分辨率已经达到 0.1nm 左右。

中间镜：弱透镜，焦距较长，其激磁电流可以手动调节，用于改变电镜的放大倍数，一般情况下中间镜的放大倍数在 0~20 倍之间可调。并能使电镜实现衍射花样和图像的对应观察。

投影镜：靠近荧光板的末级透镜，把经中间镜的成像或电子衍射花样进一步放大，投影到荧光板上。是短焦距的强磁透镜，励磁电流是固定的。因为成像电子束进入投影镜时孔径角很小，因此景深和焦长都很大。大的景深保证中间镜的像平面出现一定的位移时，在荧光屏上的图像依旧清晰。同光学显微镜一样，电镜物镜的图像/衍射花样，经中间镜和投影镜逐级放大，投射到荧光板上实现成像。

1.2.1.3　观察-记录系统

这一系统包括荧光板和照相机构。不同强度的电子束在荧光板上形成各种衬度像。在荧光屏下面放置一个可以自动转换胶片的照相暗盒，也可以在这一位置装入 CCD 数字相机，实现透射图像/衍射花样在计算机上的离镜显示。由于投影镜焦长很大，尽管荧光屏和底片/CCD 之间有数十厘米的间距，仍能保证图像清晰。

透射电镜像的电子衬度由试样种类、成像方式决定，主要有质厚衬度、衍射衬度和相位衬度 3 种。

1.2.2　电子衍射

1.2.2.1　物镜成像原理

电镜中的电子衍射是通过把物镜的后焦平面和中间镜的物平面耦合实现的。按照阿贝（E. Abbe）成像理论，物镜的成像过程是：（1）入射束与周期结构试样作用，形成一系列平行束；（2）各平行束在后焦面交于一点，各点为子波源发射子波；（3）各子波在像平面干涉成像，图 1-3 是成像原理图。阿贝（E. Abbe）指出，从物体发出的光发生夫琅和费衍射（fraunhofer diffraction），在透镜的后焦平面上形成其傅里叶频谱图，应着重说明的是，该频谱是样品晶体点阵的倒易

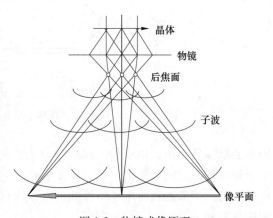

图 1-3　物镜成像原理

变换。电镜成像时，物镜的像平面和中间镜的物平面耦合，中间镜的像平面和投影镜的物平面耦合，在荧光板得到放大像。衍射时，降低中间镜电流，中间镜的物平面上移到物镜的后焦面，以后焦面的频谱为物传递给投影镜最终形成衍射花样。

1.2.2.2　电子衍射花样

在电子衍射分析中，衍射花样的形成通常以倒易点阵概念来理解。电镜中由于晶体试样很薄，单晶体的倒易点成为倒易杆；电子波长很短，反射球面近似为平面，倒易杆和反射球面相交，形成一系列周期性排列的衍射斑点。多晶体的倒易点阵是一系列同心球壳，同反射球相交得到一系列同心环。由于后焦面的傅氏频谱是晶体点阵的倒易点阵，所以衍射花样又称为倒易平面的放大像。图 1-4 是单晶体和多晶体的电子衍射花样。花样为晶体点阵的傅氏变换，所以标尺单位是倒空间量，通常取 1/nm。

单晶体电子衍射花样标定的依据是面间距和晶面夹角，对于已知相，从花样中测量、计算得出晶体的 3 个面间距和 2 个晶面夹角，同标准 PDF 卡片一致即可确认。方法有尝试法、花样对照法、查表法和计算机标定等，尝试法是基础。

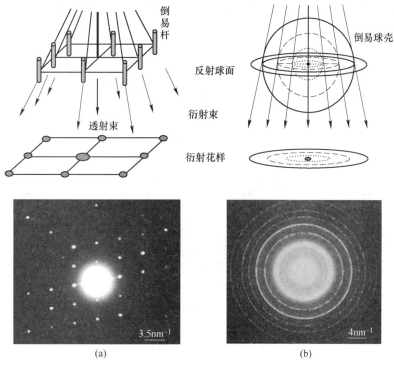

图 1-4　电子衍射花样的形成

（a）单晶体花样；（b）多晶体花样

1.2.3　衍衬像分析

透射电子显微镜是以单束成像方式形成衍射衬度，是观察、分析晶体缺陷的基础。衍射衬度运动学在双束近似和柱体近似的前提下给出衍衬运动学基本方程，解释位错、层错、界面等典型晶体缺陷的衍衬像。衍衬像的基本分析方法是"明场像-暗场像-衍射花样"对应分析。

1.2.3.1　衍衬成像原理

在理想状态下，在像平面上得到的像应该是后焦面上全部衍射束在像平面处干涉形成的。但对于薄晶体试样，由于试样相邻区域厚度基本相同，构成原子相同，使这种试样不能形成有效的质厚衬度，因此观察薄晶体试样一般应用单束成像的方法，得到"衍射衬度"。依据衍衬运动学近似，设后焦面处只有透射束和一支强衍射束，单束成像就是用透射束或这支强衍射束单独成像。

设晶体薄膜内的某一晶粒，在入射电子束照射下，(hkl) 晶面组处于衍射位置，在后焦面的衍射花样中，形成一个和透射束强度相当的衍射束。在后焦面处插入一个尺寸足够小的物镜光阑，把透射束或衍射束挡掉，而只让一支电子束通过光阑孔在像平面形成图像，这就是单束成像。用透射束成像得到的图像称为明场像，用一支衍射束成像得到的图像称为暗场。由于衍射束偏离透镜的中心，暗场像往往出现彗星差，所以成暗场像时用电子束倾斜装置把成像衍射束平移到像平面（荧光板）的中心再成像，能明显提高图像质量，这种暗场像称为中心暗场像。图 1-5 说明了明场像、暗场像和中心暗场像的形成过程。

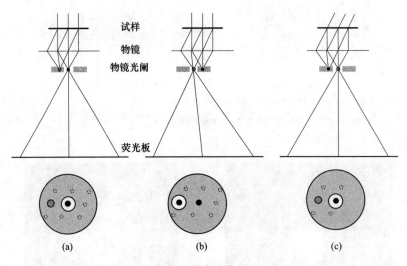

图 1-5　单束成像原理

(a) 明场像；(b) 暗场像；(c) 中心暗场像

●—衍射束；•—透射束；○—光阑孔；⊹—弱衍射束

在运动学双束条件下，透射束和衍射束的强度之和等于电子束的入射强度，这使得明场像的衬度特征恰好与暗场像相反。由于暗场像的衍射束来自特定晶面，所以该晶面如果存在位错、层错等缺陷，会使晶面畸变导致衍射强度发生变化，晶体缺陷就会在暗场像（明场像）中得到确定反映，这种衍衬成像是晶体缺陷分析的主要方法。

1.2.3.2　衍射衬度

衍射衬度主要来自晶体试样，用单束成像方式获得。晶体试样同电子束的关系符合布拉格条件程度不同，严格符合布拉格条件时衍射强度高，偏离布拉格条件强度低，由此形成的衬度是衍射衬度。

衍衬运动学依据两个假设和两个近似，可以推导出衍射衬度的运动学方程：

$$I_g = A\frac{\sin^2 \pi st}{(\pi st)^2} \tag{1-3}$$

式中，I_g 为衍射强度；t 为晶体厚度；s 为偏离矢量；A 为常数。

式 (1-3) 给出，对于理想晶体，当厚度 t 一定、s 改变（晶体弯曲）时形成等倾条纹；当偏离矢量 s 一定、晶体厚度的改变形成等厚条纹。对于缺陷晶体，引入缺陷相因子 a：

$$a = 2\pi g \cdot R \tag{1-4}$$

式中，R 为晶体的缺陷因子；g 为衍射晶面的倒易矢量，表征暗场像的成像束，通常称为操作反射。如面心立方晶体层错的 $R = 1/3<111>$，操作反射 g 可有 ［111］、［200］、［202］ 等，对于确定的缺陷 R，在后焦面处选择某一成像束 g，使 $a = 2\pi g \cdot R \neq 0$，可以观察到缺陷衬度。$a = 2\pi g \cdot R = 0$ 时缺陷不可见，此时，a 称为不可见判据。

典型晶体缺陷的衍衬像有 7 张，除了理想晶体的等厚条纹和等倾条纹，其他是位错、层错、界面、孪晶、析出相 5 种像，是在材料分析中普遍遇到的。图 1-6 是这 5 种像的典型特征。

图 1-6 晶体缺陷的典型衍衬像
（a）网状位错；（b）位错胞；（c）界面条纹；（d）孪晶和位错；（e）层错；（f）析出相

位错：线状衬度。平衡态位错比较舒展平直，变形位错密度高，有网格、胞状、塞积和缠结多种组态。

层错：层错在晶体中倾斜，层错面处形成条纹，特征是条纹严格平行。层错面与电子束垂直或平行不形成条纹衬度。

界面：宽窄不一的条纹，沿晶界分布，条纹两侧的晶体形成位向衬度，条纹数目与晶界倾斜程度相关。

析出相：显示析出相形状，位向衬度与质厚衬度重合。

孪晶：严格平行的板条状，与层错不同的是板条宽窄、长短不一。本质上是位向不同形成的衬度。

其他马氏体、珠光体、贝氏体等组织的衍衬像，保持金相图的特征，本质上是缺陷衬度。如低碳马氏体是位错衬度和界面衬度；高碳马氏体同孪晶衬度相同；珠光体是基体衬度和析出相（渗碳体）衬度等。

1.2.3.3 衍衬分析基本方法

衍衬分析的基本方法是明场像、暗场像和衍射花样的对应分析。图 1-7 是用 TEM 分析 Cu 棒表面电镀 Ag 的实际例子（Applied Surface Science, 2018, 451）。图 1-7（a）是铜衬底的明场像，网状位错；图 1-7（b）所选区域电子衍射（SAED）花样，fcc 结构，晶带轴 [111]；图 1-7（c）~（e）分别是 Cu 的 $g_{0\bar{2}2}$、$g_{\bar{1}\bar{1}1}$ 和 $g_{\bar{2}00}$ 的暗场像，亮线是位错；图 1-7（f）是铜衬底和银膜中间层的明场像，显示出多晶体形态，同右上角的环状衍射花样相符。

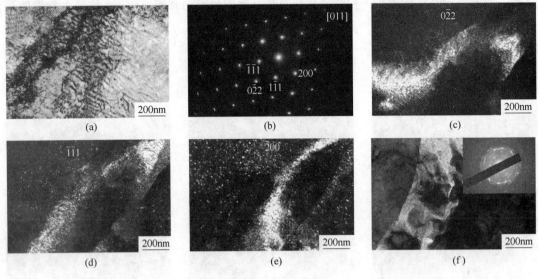

图 1-7　Cu 基体电镀 Ag 的 TEM 分析

1.3　扫描电子显微镜

扫描电子显微镜由成像、真空和电器 3 个部分组成。同 TEM 一样，真空部分的作用是提供高的真空度，以保证电子自由程，防止样品污染；电源部分提供扫描电子显微镜的高压、稳压与稳流、操作、安全保护等电路系统；成像部分由电子光学系统和检测成像系统构成，是扫描电镜的工作主体。扫描电镜的主要应用是通过二次电子像观察表面形貌。

1.3.1　SEM 的一般结构与工作原理

1.3.1.1　电子光学系统

图 1-8 是扫描电子显微镜的框图，显示出电子光学系统和检测成像系统。电子光学系统由电子枪、电磁透镜、扫描线圈和样品室等部件组成。电子枪结构与透射电子显微镜的相同，但是加速电压低。电磁透镜的作用是把电子枪的束斑逐渐聚焦缩小，一般用电磁透镜，使原来直径约 $50\mu m$ 的电子枪束斑缩小成只有几纳米的细小束斑。扫描线圈的作用是提供电子束扫描控制信号，使入射电子束在样品表面的扫描和显示器电子束在荧光屏上同步进行光栅式扫描。样品室空间较大，一般可放置 $20mm \times 10mm$ 的块状样品。样品台可根据需要做三维平移、在水平面内旋转或沿水平轴倾斜，称为五轴联动。除放置样品外，样品室内还装有二次电子检测器、背散射电子检测器、能谱检测器等，并可以装配能进行加热、冷却、拉伸的样品台，用于研究材料的形貌、组织变化的动态过程。

1.3.1.2　信号检测和成像系统

信号检测和成像系统包括信号检测器、前置放大器和显示装置。二次电子、背散射电子一般用闪烁计数器进行检测，闪烁计数器由闪烁体、光导管和光电倍增器组成。信号电子撞击闪烁体产生出光子，光导管通过全反射将光子传送到光电倍增器，转换成电子同时进行多级放大，输出电流信号，放大后调制显示器，如图 1-9 所示。

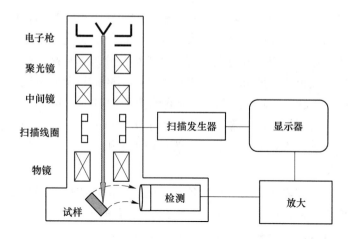

图 1-8　扫描电子显微镜电子光学和成像系统结构框图

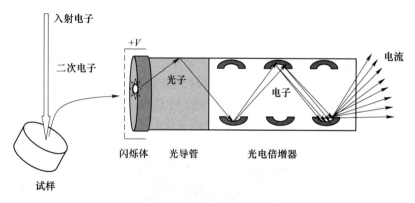

图 1-9　扫描电镜的二次电子信号检测器示意图

　　由于镜筒中的电子束和显示器中的电子束同步扫描，荧光屏上像点的亮度被试样上激发出来的信号调制，而信号强度随样品表面形态不同而变化，从而荧光屏上形成一幅与试样表面逐点对应的形貌图像。

1.3.2　SEM 的主要性能

1.3.2.1　放大倍数

　　当入射电子束作光栅扫描时，电子束在样品表面扫描的幅度为 A_s，荧光屏长度也就是显示器电子束同步扫描的幅度为 A_c，则扫描电子显微镜的放大倍数为：

$$M = \frac{A_c}{A_s} \tag{1-5}$$

　　由于显示器荧光屏尺寸是固定不变的，因此，改变电子束在试样表面的扫描幅度 A_s 可以改变放大倍率。一般扫描电子显微镜的放大倍数，可以从 20~20 万倍区间连续调节，实现由低倍到高倍的连续观察，这对观察分析非常有利。

1.3.2.2　分辨率

分辨率是扫描图像中可以分辨两点之间的最小的实际距离，是扫描电子显微镜的核心性能指标。分辨率高低主要取决于电子束直径和调制信号的类型，电子束激发出信号的区域与荧光屏上的像点逐一对应，入射电子束直径越小，分辨率越高。另外，同一电子束在试样内激发信号的有效范围一般会超过入射束直径，不同信号激发范围不同，导致不同分辨率。在 SEM 中，二次电子因其本身能量较低致使平均自由程很短，有效激发范围与电子束直径相当，是分辨率最高的图像。背散射电子像分辨率低于二次电子像，X 射线调制成像，其激发范围显著大于背散射电子，一般在微米量级。

1.3.2.3　景深

景深是指透镜对试样表面高低不平的各部位能同时清晰成像的距离范围，可以理解为试样上最近清晰像点到最远清晰像点之间的距离。扫描电子显微镜末级透镜焦距较长，孔径半角很小（约 10mrad），景深是一般光学显微镜的 100~500 倍，这使扫描电子显微镜图像有较强的立体感。放大 5000 倍时，景深可达数十微米，这是其他观察仪器无法比拟的优点。

1.3.3　SEM 的主要应用

扫描电镜用于观察材料的微观形貌，几乎遍及所有固体材料。金属断口分析是 SEM 比较典型的应用。按照观察统计，金属断裂形成的断口可以总结为沿晶、解理、准解理、疲劳和韧窝 5 种类型，图 1-10 是 5 种典型断口的 SEM 像。实际断口可能出现某几种典型断口混合而成的形态，依据 5 种典型断口，可以对实际断口进行断裂机制分析。

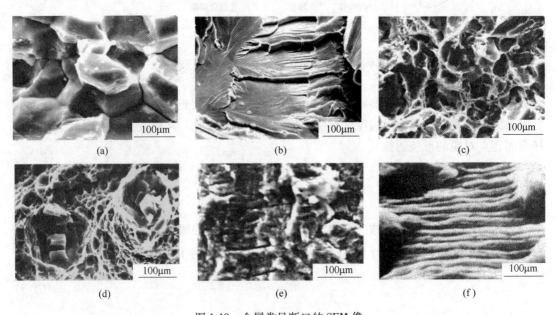

图 1-10　金属常见断口的 SEM 像

（a）沿晶断口；（b）解理断口；（c）准解理断口；（d）韧窝断口；
（e）疲劳断口（高强钢）；（f）疲劳断口（铝合金）

1.4 X 射线能谱仪

X 射线能谱仪是通过检测特征 X 射线，分析确定元素种类与含量的半导体检测器。特征 X 射线依靠电子束来激发，所以 EDS 必须装配在 SEM 或 TEM 样品室内配套使用，这也实现了样品的微区元素与形貌、结构的对应观察。

1.4.1 一般结构和工作原理

EDS 核心元件是 Si(Li) 半导体，锂漂移硅（Si(Li)）探测器的结构如图 1-11 所示。试样出射的具有不同能量的 X 光子相继穿过 Be 窗入射到 Si(Li) 内，激发出电子-空穴对。每产生一对电子-空穴对，要消耗掉 X 光子约 3.8eV 的能量。因此每一个能量为 E 的入射光子产生的电子-空穴对的数目是 $N = E/3.8eV$，保留了 X 射线的能量特征。加在 Si(Li) 上的偏压将一个 X 光子激发出的所有电子收集起来，形成一个电流脉冲，脉冲高度正比于 X 光子的能量，亦即同元素线性相关。多道脉冲高度分析器按照时间顺序对脉冲高度甄别，把同一高度的脉冲存储到确定的存储单元中（通道或道址）。

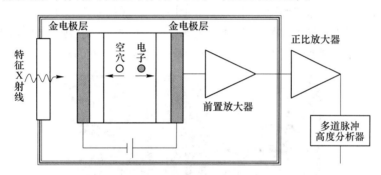

图 1-11 锂漂移硅 Si(Li) 探测器的工作原理

1.4.2 EDS 工作模式及应用

1.4.2.1 元素点分析

元素的点分析是对试样某一选定点（微小区域）进行所含全部元素的定性/定量分析。在荧光屏显示的图像上选定需要分析的点，使聚焦电子束照射在该点处不动，激发试样元素的特征 X 射线，能谱仪检测给出 X 射线光子转化形成的电脉冲，脉冲高度正比于入射的 X 光子能量 E，即与原子序数相关。由多道脉冲高度分析器给出能量色散谱线，显示在显示器上。横坐标为元素，纵坐标为元素的相对含量。图 1-12 是钢中夹杂的元素点分析。

图 1-12（a）为夹杂的 SEM 像，夹杂的十字线处为电子束作点分析的位置；图 1-12（b）为 EDS 谱线，其中主要由 S、Mn 元素组成，判断夹杂为 MnS，Fe 峰为基体元素。

1.4.2.2 元素线扫描分析

SEM 显示二次电子像，使聚焦电子束在样品（图像）上沿一选定直线（一般穿越粒子或界面）进行慢扫描，X 射线能谱仪逐点检测直线上各点的元素并进行存储，显示器在

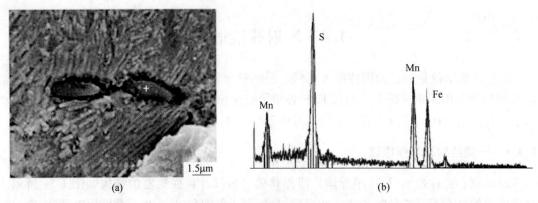

(a)   (b)

图 1-12   HSLA 钢中夹杂的 EDS 点分析

（a）二次电子像；（b）EDS 谱，主要元素为 S、Mn

显示扫描距离的同时，按照需要用某一元素信号的强度（计数率）调制显示器电子束的纵向位置，得到 X 射线强度沿试样扫描线的分布，反映出该元素在选定直线上的含量变化，这一过程称为线扫描。也可以把电子束扫描线、特征 X 射线强度分布曲线重叠在二次电子图像上，能更加直观地表明元素含量分布与形貌之间的关系。图 1-13 是线扫描的实例。图 1-13（a）是 SEM 形貌像，虚线为电子束扫描线，图 1-13（b）为 Si、Ag、Ca 的 X 射线强度分布曲线，在界面处发生明显变化，显示出界面左侧为富 Si 区，含少量 Ag 元素；右侧为富 Ca 区。

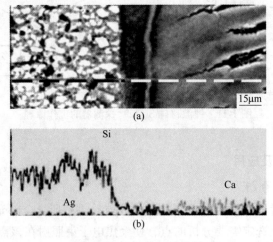

(a)

(b)

图 1-13   EDS 线扫描分析

（a）二次电子像；（b）元素线扫描谱线

线扫描分析在测定材料相界/晶界上元素的富集与贫化是十分有效的。在有关扩散现象的研究中，沿垂直于扩散界面的方向上进行线扫描，可以很快得出浓度与扩散距离的关系曲线，比剥层化学分析、放射性示踪原子等方法更为方便。

1.4.2.3   元素面分布分析

聚焦电子束在试样上做二维光栅扫描，在取得二次电子像的同时，X 射线谱仪逐一检测各点的所含元素，按照需要给出与图像对应的某一元素分布图。由于块状试样中分析点的特征 X 光信号激发区一般为 μm 量级，所以元素面分布图中的元素信息为分散的亮斑，斑点多的区域元素含量高。在同一幅面分布图中，亮区元素含量高，灰色区元素含量较低，黑色区域元素含量很低或不存在该种元素。

图 1-14 是粉末冶金高速钢中析出相的面分布分析。图 1-14（a）是二次电子像，显示出析出相的形貌；图 1-14（b）是 V 的 $K_{\alpha1}$ 射线的面分布，图中的亮区，表明该析出相富含 V 元素；图 1-14（c）是 W 的 $M_{\alpha1}$ 射线的面分布，有两个亮区显示该析出相富含 W 元素，另外的较暗亮区含 W 元素较少。比较 3 张图像可以知道，析出相有两种，分别含有 V 和 W 元素，其余黑色的区域为基体，不含有这两种元素。

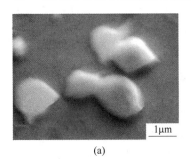 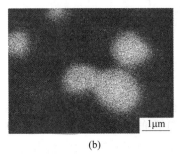 

(a)   (b)   (c)

图 1-14　粉末冶金高速钢的元素面分布
（a）二次电子像；（b）V 元素的面分布；（c）W 元素的面分布

使用面分布时应注意，同一视场在不同条件下（束流大小、曝光时间长短等）的面分布像，它们之间的亮度对比不能看作是各元素相对含量的依据。

1.4.2.4　元素定量分析

在稳定的电子束照射下，由谱仪得到的 X 射线谱在扣除了背底之后，各元素的同类特征谱线（通常采用 K 系线）的强度值应与它们的浓度相对应。对于试样中的 Y 元素，进行定量分析时要首先测量出其 X 射线强度 I'_Y，然后在相同的条件下测量纯 Y 元素的 X 射线强度 I'_{Y0}，扣除背底和死时间对测量值的影响，得到 I_Y 和 I_{Y0}，二者的强度比为 K_Y，即：

$$K_Y = \frac{I_Y}{I_{Y0}} \tag{1-6}$$

经过原子序修正 Z，吸收修正 A，荧光修正 F：

$$C_Y = ZAFK_Y \tag{1-7}$$

依据式（1-7）计算结果，能谱仪给出质量分数和原子百分比的元素含量。

1.5　背散射电子衍射

入射电子在晶面发生散射产生非弹性散射电子，符合布拉格条件时发生衍射形成菊池线，检测背散射菊池线进行分析，称为背散射电子衍射分析。

1.5.1　一般结构和工作原理

EBSD 分析是在扫描电镜试样室中装入 CCD 相机，在试样的上方接收背散射电子衍射形成的菊池花样，经过转化处理，确定试样的结构、物相、晶界等信息，如图 1-15 所示。

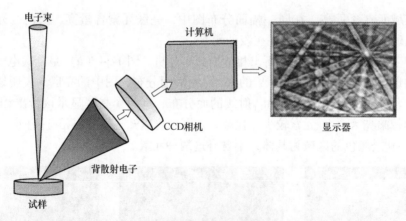

图 1-15   扫描电镜中接收菊池花样的示意图

    菊池线是非弹性散射电子符合布拉格衍射条件形成的。透射电镜中如果试样比较厚，透过电子会有少量能量损失，符合布拉格条件的散射电子形成一对明-暗衍射锥，在透射方向的荧光板上交割形成严格平行的明-暗线对；衍射锥在背散射方向形成的菊池带，投射到 CCD 上形成背散射电子衍射花样。如图 1-16 所示。

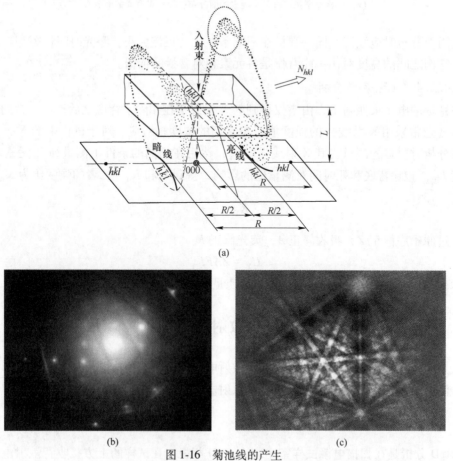

图 1-16   菊池线的产生

（a）非弹性散射电子形成衍射锥；（b）透射菊池线；（c）背散射菊池带

背散射方向的菊池带可以在较大范围内接收，因而视场中可以记录到许多相交的菊池带（图 1-16（c）），这给晶体分析带来充分的信息。每一条菊池带产生于一组平行等距的晶面（hkl），带宽与晶面的面间距对应。两条菊池带中线的交点称为菊池极，是两组晶面所属晶带的晶带轴 $[uvw]$ 与荧光板的交点。电子束入射（图 1-16（a）入射束）反方向 B 与 $[uvw]$ 角度差 ϕ：

$$\tan\phi = \frac{X}{L} \tag{1-8}$$

式中，X 为菊池极与中心斑的距离；L 为相机高度。相机高度一般应用 800mm，目测可按距离 0.5mm 计算，φ 角为 0.36°。如果利用 3 个菊池极综合分析，可以使晶体位向分析的精度达到 0.1°，如图 1-17 所示。正是因为如此，EBSD 分析得到广泛应用。

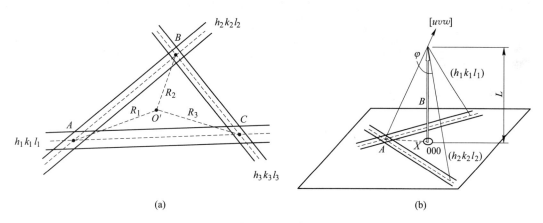

图 1-17　菊池极与晶体位向分析
（a）3 个菊池极形成三角形 ABC；（b）通过菊池极计算带轴偏差角

多个确定位向下的菊池花样的组合称为菊池图，CCD 相机摄照下菊池图由计算机软件进行分析。首先采用 Hough 变换将菊池图 XY 空间的一条直线转化为 Hough 空间的正弦曲线。两个空间坐标满足：

$$X\cos\theta + Y\sin\theta = \rho \tag{1-9}$$

式中，ρ 为 XY 空间中一直线离原点的距离；θ 为该直线与 X 轴夹角。Hough 变换中，将 EBSD 上各点的强度（亮度）按 $X\cos\theta+Y\sin\theta = \rho$ 绘制在 Hough 空间上。而后选择几条光带（通常是 7 条），从 Hough 空间的任意 3 组的配置关系可以计算出各光带间的角度等，从而计算出在与所给出的晶系模拟图形比较吻合的情况下的晶系和晶体位向。EBSD 的数据测定表示为：理想取向、极图、反极图、欧拉角、两晶粒取向差、重位点阵参数 Σ 等。

1.5.2　EBSD 分析的应用

1.5.2.1　样品制备

EBSD 试样的基本要求是表面光洁，无应力。表面应力使晶面变形难以形成完整衍射带，不能进行有效分析。对机械加工过的试样表面，不同的材料可以选择化学抛光、电解抛光和离子束抛光等方法去除表面应力。

1.5.2.2   EBSD 典型图像

经常使用的有晶体位向图、物相图和晶界及晶内微应变等，采用人工伪彩显示，图 1-18 是菊池线给出的典型图像。图 1-18 (a) 是晶体位向图，各晶粒显示不同色度 (颜色)，右下角给出反极图，其中任一位置的色度表示不同的位向，试样内具有相同色度的晶粒位向相同。图 1-18 (b) 是物相图，同一物相的晶粒用同一颜色显示，物相鉴定通常依据 EDS 元素分析和菊池线晶面测定的结果综合确定，在图标中给出物相名称。图 1-18 (c) 是晶界和晶内微应变图，图中的线条显示晶界，可以给出大角、小角晶界及重合位置点阵晶界，裂纹尖端 (图上中间空白处) 附近的弥散斑点显示晶内微应变。斑点密集处应变大。

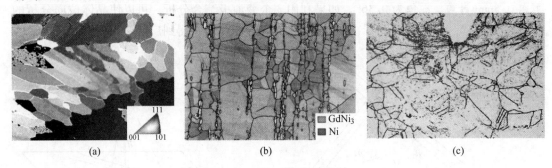

(a)   (b)   (c)

图 1-18   EBSD 的典型图像

(a) 位向图；(b) 物相图；(c) 晶界及晶内微应变图

1.5.2.3   EBSD 分析应用

用 EBSD 分析 Al-Mg-Si 母材与焊缝之间熔合区，得到如图 1-19 结果。图 1-19 (a) 是母材和焊缝的位向图，显示母材晶粒 (上部) 尺寸细小均匀，晶粒位向随机分布，没有明显织构；焊缝 (中下部) 为熔合区，晶粒粗化，<001>位向晶粒增多。图 1-19 (b) 是粗晶-细晶相交位置的位向图，左上大尺寸晶粒显示<101>位向。EBSD 还可以给出晶界图，用不同的彩色线显示具体的晶界角度。熔合线附近晶粒尺寸为 $5 \sim 8 \mu m$ 的晶界角度多为 $2° \sim 15°$；$15° \sim 150°$的晶界，晶粒尺寸分布较宽，为 $20 \sim 150 \mu m$。

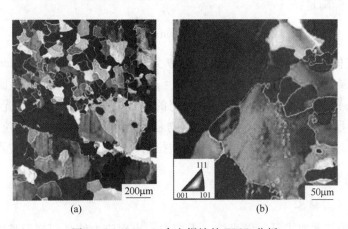

(a)   (b)

图 1-19   Al-Mg-Si 合金焊缝的 EBSD 分析

(a) 母材-焊缝位向图；(b) 粗晶-细晶交界位向图

思 考 题

1-1 概念理解：

物镜成像原理；SEM 成像；倒易杆；单晶体电子衍射花样；衍衬运动学方程；EDS 点线面分析；典型衍衬像；背散射电子衍射；缺陷相因子；操作反射衍衬像分析基本方法。

1-2 试述物镜后焦面和倒易平面的关系。

1-3 试述倒易点与衍射斑点的关系。

1-4 试述金属材料金相组织衍衬像的衬度特征。

1-5 图 1-20 是期刊文献中的电子衍射花样，其标定疑似有误，试作出分析。

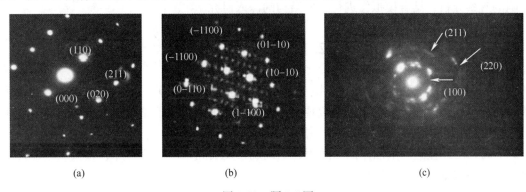

(a)	(b)	(c)

图 1-20 题 1-5 图

（a）α-Fe；（b）时效镁合金；（c）α-Ti（bcc）

2 高分辨电子显微镜

高分辨电子显微镜（high-resolution transmission electron microscope，HRTEM）是指透射电镜的分辨率足够高，观察薄晶体试样得到相位衬度，主要有晶格像和结构像，分别是晶面和原子（原子团）的势投影，实现了人类对原子像的直接观察。高分辨像还用于晶体缺陷的观察分析，结合模拟像进行物质结构的深入研究。

2.1 概　　述

在早期的 TEM 观察中，由于电镜分辨率、加速电压的限制，一般是观察复型和薄膜萃取试样，形成质厚衬度，用于形貌观察。随着科技进步，电子显微镜可以对晶体薄膜进行直接观察，形成衍射衬度，观察位错、层错等晶体缺陷。在电子显微镜的分辨率达到 0.2nm 时，已经接近一般晶体的面间距，电镜观察发展到采用相位衬度，直接观察晶体的晶格像和结构像。图 2-1 是电子显微镜的 3 种衬度像。

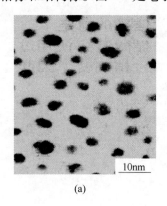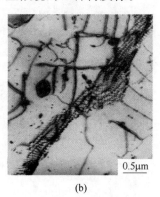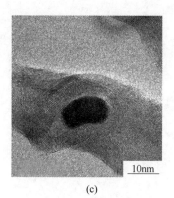

(a)　　　　　　　　　　　　(b)　　　　　　　　　　　　(c)

图 2-1　TEM 的 3 种衬度像

（a）质厚衬度像，C 膜上的重金属颗粒；（b）衍射像，明场，位错和小角晶界；
（c）相位衬度像，晶格条纹，纳米管和触媒颗粒

衍射衬度观察的晶体试样，由于制备的原因一般为楔形，可在稍厚的区域观察，用透射束或一支衍射束成像。由于晶体缺陷的存在，使不同位置的衍射束符合布拉格条件的程度不同，由此形成衬度，属于振幅衬度。

相位衬度是在高倍下观察，采用多束成像。要求试样薄而均匀，不能形成有效的质厚衬度和衍射衬度。因而采用离焦观察的方法，即在最佳欠焦量（Scherzer，谢尔策条件）下，透射波和衍射波之间的相位差使合波的振幅最大，得到可以观察的衬度，称为相位衬度（phase contrast），即高分辨电子显微像，又称高分辨（像）。图 2-2 是衍射衬度和相位衬度形成的主要区别。

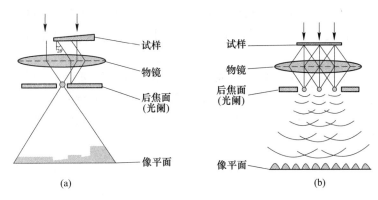

图 2-2　衍射衬度和相位衬度的形成

（a）衍射衬度；（b）相位衬度

　　高分辨像依据成像束的多少可以分为晶格像和结构像。在成像束少（如 000 和 ±g）条件下，一般形成晶格像，多束条件下形成结构像。图 2-3 是晶格像和结构像的区别。可以简单理解为晶格像中的条纹是晶体中晶面的势投影，结构像中的周期性点列是原子或原子团的势投影，通常称为原子像。这种图像的获得，使人类实现了对原子的直接观察。

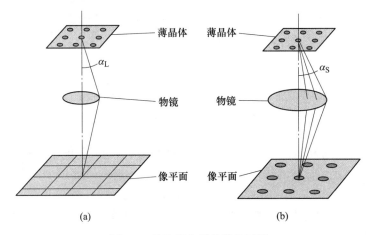

图 2-3　晶格像和结构像的区别

（a）晶格像；（b）结构像

2.2　电子显微镜相位衬度

　　设定透射波和衍射波之间的相位差使合波的振幅最大，得到可以观察的衬度，称为相位衬度。电子显微镜的相位衬度通常由相位衬度函数表征，函数由相位项和振幅项构成。

2.2.1　衬度传递函数

2.2.1.1　衬度传递函数的导出

　　电子显微镜作为一个电子光学信息传递系统，衬度传递函数表征了电子显微镜的固有性能，它与具体的实验以及试样无关。光学信息传递系统涉及的频率是空间频率。在电子显微镜中，物出射波携带着物样内各空间频率的信息，衬度传递函数表述了物镜对各空间频率的响应。经过衬度传递函数调制后的所有空间频率子波重新叠加干涉得到像上波函数分布。

衬度传递函数由相位项和振幅项构成。对高分辨成像过程进行运动学讨论，设立如图 2-4 所示的坐标系，考虑具有波数 $k(2\pi/\lambda,\lambda$ 为波长）的平面波 $\exp(ikr)$ 入射到试样上发生散射，试样对平面波的作用记为 $\exp(ikr)$。从试样上的 (x,y) 点到距离为 r 的 (s,t) 点的散射振幅可近似表示为：

$$\left.\begin{aligned}\psi(u,v) &\approx c'\iint q(x,y)\exp(-2\pi i(ux+vy))\mathrm{d}x\mathrm{d}y\\ c' &= c\exp(ikr_0)/(r_0u) = s/(\lambda r_0v) = t/(\lambda r_0)\end{aligned}\right\} \tag{2-1}$$

式（2-1）中右侧同傅里叶变换形式一致，表明 $\psi(u,v)$ 可用 $q(x,y)$ 的傅里叶变换形式得到。入射波是平面波，由于试样 $q(x,y)$ 的作用，其振幅和相位都发生改变，即电子束透过试样改变为球面波传递。

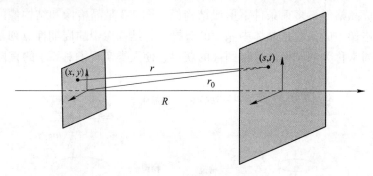

图 2-4　电子散射坐标系

试样比较薄时，忽略试样对电子的吸收，这时，只引起入射电子的相位变化（相位体近似），用 $q(x,y)$ 表示试样的作用，称为透射函数（transmission function）：

$$q(x,y) = \exp[i\sigma\varphi(x,y)\Delta z] \tag{2-2}$$

式（2-2）表明，由于试样的存在，较之真空中传播的电子，入射电子只发生了相位变化 $\sigma\varphi(x,y)\Delta z$。这里 σ 称为相互作用常数（interaction constant），它是由电子显微镜加速电压决定的量，可以用加速电压 V 和对应的电子波长 λ 来表示：

$$\sigma = \frac{2\pi}{V\lambda(1+\sqrt{1-\beta^2})} \tag{2-3}$$

式中，$\beta=v/c$（电子速度/光速）。另外，式（2-2）中的 $\varphi(x,y)\Delta z$ 表示在入射电子方向（z 轴方向），厚度仅为 Δz 的二维投影势。波长 λ 可以表示为：

$$\lambda = \frac{h}{\sqrt{2m_e eV\left[1+\left(\dfrac{eV}{2m_eC^2}\right)\right]}} \tag{2-4}$$

式中，h 和 m_e 分别为普朗克常数和电子的静止质量。试样内部的平均势不仅与原子序数有关，而且依赖于密度。一般来说，由重原子组成的物质其势有变大的倾向，试样的厚度 Δz 比较小，对 2~3nm 以下的薄试样，即 $\sigma\varphi(x,y)\ll1$、$\mu(x,y)\ll1$（弱相位体近似），展开函数并略去高次项，有：

$$q(x,y) \approx 1 + i\sigma\varphi(x,y)\Delta z \tag{2-5}$$

后焦面上电子散射振幅$\psi(u,v)$可以用透射函数式（2-5）的傅里叶变换来表示：

$$\begin{aligned}\psi(u,v) &= Q(u,v)\exp(i\chi(u,v)) \\ &= \mathcal{F}[q(x,y)]\exp(\chi(u,v)) \\ &\approx \delta(u,v) + i\mathcal{F}[\sigma\varphi(x,y)\Delta z]\exp(i\chi(u,v)) \end{aligned} \tag{2-6}$$

式中，$\mathcal{F}$为傅里叶变换；$i\chi(u,v)$为相位衬度传递函数（contrast transfer function），表示成像系统引起的电子相位变化。

2.2.1.2　衬度传递函数的相位项

在电子波传播过程中，可以引起波场相位变化的透镜像差主要有两个：球差和离焦。

球差相位差χ_s：设球差系数为C_s，λ为波长，有：

$$\chi_s(u,v) = \frac{\pi}{2}C_s\lambda^3(u^2 + v^2)^2 \tag{2-7}$$

式中，(u,v)为倒易空间坐标，即球差引起波场的相位差分布在倒易空间，同$q(x,y)$傅里叶变换后波函数分布在物镜的后焦面处（夫琅和费衍射平面）一致。并且从公式可以看出，球差引起的相位变化总是正值。

离焦相位差χ_D：设离焦量为Δf，则：

$$\chi_D(u,v) = \pi\Delta f\lambda(u^2 + v^2) \tag{2-8}$$

离焦引起波场空间的相位差χ_D同样分布在倒易空间。由于离焦量有过焦和欠焦之分，所以离焦引起的相位变化可正可负，取决于Δf的符号。实际物镜的像距远大于物距，像面共轭面处于前焦面位置。Δf为正值处于过焦状态，引起相位变化为正值，欠焦状态引起相位变化为负值。

像散导致的相位差与离焦相似，与散射角的平方成正比。实际成像中，都要消除像散才能得到高分辨像，因此可以不考虑像散对成像系统衬度传递函数的影响。

消像散后，球差和离焦引起的波场相位变化：

$$\chi(u,v) = \frac{\pi}{2}C_s\lambda^3(u^2 + v^2)^2 + \pi\Delta f\lambda(u^2 + v^2) \tag{2-9}$$

2.2.1.3　衬度传递函数的振幅项

影响振幅项的主要因素有物镜光阑、色差和束发散。在物镜后焦平面插入物镜光阑，通过物镜和物镜光阑组成的系统传递，光阑起到振幅调制作用。电子显微镜的电压、电流波动产生色差。色差的影响是在物镜后焦面引入了调制函数，相当于在后焦面处加入虚光阑，使传递函数振幅项迅速衰减。束发散对物镜后焦面上的衬度传递函数也产生振幅调制，对传递函数的相位项$\chi(u,v)$没有贡献。与色差的影响相似，同样相当于在物镜的后焦面上虚设了一个光阑。

物镜光阑在物镜的后焦面处。成像过程中，选择合适尺寸加入光阑，挡住高角度散射。这相当于将传递函数的高空间频率起伏部分调制为零，只让对应于传递函数平坦部分的空间频率通过。

光阑函数写为极坐标表示：

$$A(x,y) = \begin{cases} 1, & \sqrt{x^2 + y^2} \leqslant r_0 \\ 0, & \sqrt{x^2 + y^2} > r_0 \end{cases} \tag{2-10}$$

式中，r_0 为正空间物镜光阑的真实半径。衍射空间（倒易空间）光阑函数为：

$$A(u,v) = \begin{cases} 1, & \sqrt{u^2 + v^2} \leqslant u_0 \\ 0, & \sqrt{u^2 + v^2} > u_0 \end{cases} \tag{2-11}$$

$$u_0 = \frac{r_0}{f\lambda}$$

式中，f 为物镜焦距。很明显，光阑引入衍射空间的是一种振幅调制作用。

像平面上的电子散射振幅可以由后焦面上散射振幅的傅里叶变换给出：

$$\Psi(x,y) = \mathcal{F}\left[A(u,v)\psi(u,v)\right] \tag{2-12}$$

式中，$A(u,v)$ 表示物镜光阑的作用形成的振幅调制。后焦面上的散射振幅 $\psi(u,v)$ 为：

$$\psi(u,v) \approx \delta(u,v) + i\mathcal{F}\left[\sigma\varphi(x,y)\Delta z\right]\exp(i\chi(u,v)) \tag{2-13}$$

式中，$\chi(u,v) = \frac{\pi}{2}C_s\lambda^3(u^2+v^2)^2 \pm \pi\Delta f\lambda(u^2+v^2)$。相位衬度传递函数，可以对高分辨像的强度分布、电镜分辨本领等问题给出说明。

2.2.2　高分辨像的特征

2.2.2.1　像强度分布

如果不考虑放大倍数，像平面上观察到的像的强度为像平面上电子散射振幅的平方，即：

$$\begin{aligned} I(x,y) &= \Psi^*(x,y)\Psi(x,y) \\ &= \left| 1 + i\mathcal{F}\{C(x,y)\mathcal{F}\left[\sigma\varphi(x,y)\Delta z\right]\exp(i\chi(u,v))\}\right|^2 \end{aligned} \tag{2-14}$$

假设：

$$C(u,v) = 1$$
$$\exp(i\chi(u,v)) = \pm iu, \ v \neq 0$$

像的强度变为：

$$\begin{aligned} I(x,y) &= \left| 1 \mp \sigma\varphi(-x, -y)\Delta z\right|^2 \\ &\approx 1 \mp 2\sigma\varphi(-x, -y)\Delta z \end{aligned} \tag{2-15}$$

这里：

$$\varphi(-x, -y) = \mathcal{F}\{\mathcal{F}\left[\varphi(x,y)\right]\}$$

由强度公式可以看出，晶体的势在像的强度中直接反映出来。对 $\varphi(x,y)$ 进行傅里叶变换，再进行傅里叶逆变换，应当回到 $\varphi(x,y)$，但在电子的进行方向（z），被试样散射波在后焦面上形成衍射花样，然后在像平面上形成像的过程对应着连续进行两次傅里叶变化，因此出现负的符号，在光学透镜成像时可以理解在对应于像平面上形成倒立的像。在接近理想透镜情况下，高分辨像强度分布为：

$$I(x,y) \approx 1 - 2\sigma\varphi(-x, -y)\Delta z \tag{2-16}$$

当原子列平行电子束方向时，由于 $\sigma\varphi(-x,-y)\Delta z$ 远小于 1，所以高分辨电子显微像中，由于重原子列具有较大的势，因而在重原子列的位置，像点的强度弱呈黑色；轻原子列的势小，原子列位置像点强度高呈浅色。

图 2-5 是超导氧化物 $TiBa_2Ca_3Cu_4O_{11}$ 薄膜试样的高分辨电子显微像。重原子 Ti 和 Ba 的位置出现黑色点列，Ti 和 Ba 周围 O 原子的位置是灰色的，没有原子的位置势最低呈现白色。这些特征同式（2-16）指示的完全一致。

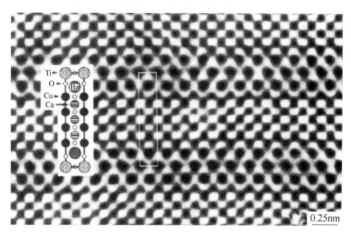

图 2-5　超导氧化物 $TiBa_2Ca_3Cu_4O_{11}$ 的高分辨电子显微像

2.2.2.2　试样厚度对图像的影响

高分辨的像点亮度与物点势完全对应的特征，只在试样厚度保持在确定的范围内才能成立。在这个厚度范围内，各衍射波振幅保持着确定的比例关系，超过这个厚度范围，振幅的比例关系改变和振幅随之变化，导致图像发生改变。图 2-6 是不同厚度下，β-SiN 的高分辨模拟像。

图 2-6（a）~（f）试样厚度分别从 1~11nm 变化，每级增加 2nm。可以看出，在模拟像中，7nm 之前都能出现结构像，超过 9nm 时，图像错乱，同 7nm 前的图像相比，会发生衬度反转，原来亮区变为暗区，这同势投影的概念已经不能对应。另外的显著变化是原子排列的基本结构单元及周期性完全改变，这种变化源于厚度对衍射波振幅的影响。图 2-7 是形成 β-SiN 的高分辨像的衍射波振幅的计算曲线，显示了参与成像的衍射波振幅与试样厚度的依赖关系。显示出结构像的可观察厚度略小于参与成像的衍射波中最强波为极大时对应的厚度。在约 8nm 的厚度内，所有的波都按比例关系激发，如果超过一个波的极大值对应的厚度（约 10nm）时，比例关系就被破坏，相同的条件就不可能出现了。并且在这个极大值的地方，波的相位急剧变化，就会形成与晶体结构不对应的像。

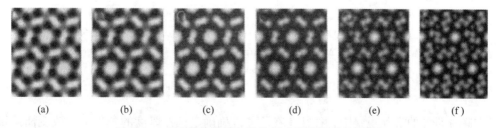

|(a)|(b)|(c)|(d)|(e)|(f)|

图 2-6　β-SiN 的高分辨计算像相对于试样厚度的变化

（a）$t=1nm$；（b）$t=3nm$；（c）$t=5nm$；（d）$t=7nm$；（e）$t=9nm$；（f）$t=11nm$

（按 $\boldsymbol{B}=[001]$，400kV，$\lambda=0.00164nm$，$\Delta f=45nm$ 计算）

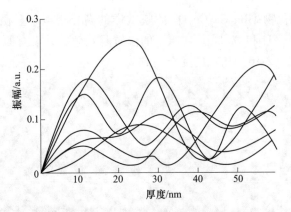

图 2-7　β-SiN 衍射波振幅随试样厚度的变化

2.2.2.3　离焦量对图像的影响

除试样厚度外，不同的离焦量对结构像也有显著改变。图 2-8 的模拟像示出 β-SiN 的高分辨电子显微像相对于离焦量的变化。按照模拟参数，计算得出 Scherzer 条件是 $\Delta f =$ 45nm，在 12 幅模拟像中，只有图 2-8（h）～（j）等 3 幅同 β-SiN 结构像（图 2-11）一致，离焦量范围是 30～50nm。在 -40～-20nm 的过焦条件下，出现衬度反转（图 2-8（a）～（c）），其他 6 幅图则发生基本结构及周期性改变，都不是 β-SiN 晶体沿［001］方向投影的结构像。这种变化是由于参与结构像成像的衍射波很多，在不同的离焦量下引起的相位改变规律变化形成的。因此应该强调，高分辨像应该在谢尔策聚焦条件附近拍摄。

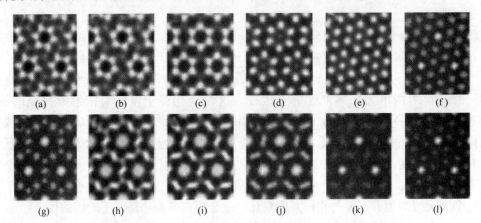

图 2-8　β 型氮化硅的高分辨计算像相对于离焦量 Δf 的变化

（a）$\Delta f = -40$nm；（b）$\Delta f = -30$nm；（c）$\Delta f = -20$nm；（d）$\Delta f = -10$nm；（e）$\Delta f = 0$nm；
（f）$\Delta f = 10$nm；（g）$\Delta f = 20$nm；（h）$\Delta f = 30$nm；（i）$\Delta f = 40$nm；（j）$\Delta f = 50$nm；
（k）$\Delta f = 60$nm；（l）$\Delta f = 70$nm
（按 $\boldsymbol{B} = ［001］$，400kV，$\lambda = 0.00164$nm，$t = 3$nm 计算）

在高分辨像的实际观察中，往往是在不能准确确定试样厚度的条件下，改变离焦量选择最清晰图像进行的，因此要注意厚度和离焦量对结构单元及周期性的影响，结合超薄试样在 Scherzer 条件下的模拟像是确定 TEM 结构像的最佳选择。必要时需要通过计算机模拟来确定观察图像是否正确。

2.2.3 高分辨像的计算机模拟

2.2.3.1 模拟框图

基于理想的薄膜试样情况，从动力学衍射效应来讨论厚试样的高分辨像。试样的厚度为 5nm 以上时，不能应用式（2-5）的弱相位体近似以及式（2-2）的相位体近似的处理，必须充分考虑试样内多次散射引起的相位变化。试样中的透射波、散射波和散射波间的相互作用造成的散射振幅的变化称为动力学衍射效应。基于衍射动力学的散射振幅计算，有 Born 迭代法、Bethe 本征值法、Sthrkey 散射矩阵法、Howie-Whelan 线性微分方程组法和 Cowley-Moodie 多层法等多种方法。

图 2-9 表示了由 Cowley 和 Moodie 提出的计算衍射振幅动力学解的多层法。将薄试样分割成与电子束传播方向垂直、厚度相等的一个个薄层，考虑每一层对入射波的作用。通常，薄片层的厚度取与单胞长度对应的 0.2~0.5nm。把各薄层中的作用分成由于物体的存在使相位发生变化和在这个厚度范围内波的传播两个过程来考虑。

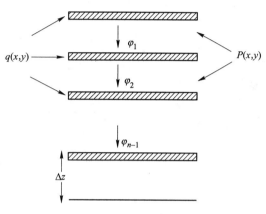

图 2-9 多层法各薄层透射函数和传播函数的表述

对于第一薄层，其中物质对入射波的作用可以看成在晶体的上表面由式（2-2）表示的相位变化。其次，可以把电子波的传播过程看成从晶体的上表面到第一个薄层的下表面在真空中的小角散射，这个小角散射过程可以用传播函数（propagation function）来表述：

$$p(x,y) = \frac{1}{i\Delta z\lambda}\exp\left[\frac{ik(x^2 + y^2)}{2\Delta z}\right] \tag{2-17}$$

即第一个薄层下面的散射振幅 $\varphi_1(x,y)$ 用透射函数 $q(x,y)$ 和上式的传播函数 $p(x,y)$ 来表示，写成：

$$\varphi_1(x,y) = q(x,y) * p(x,y)$$

式中，* 表示卷积运算。

考虑第二个薄层产生的作用，把 $\varphi(x,y)$ 看作第二个薄层的入射波，然后按照第一个薄层同样的方法来处理。即由于物体的存在 $\varphi(x,y)$ 的相位发生变化，在第二薄层下表面的散射振幅为：

$$\varphi_2(x,y) = \left[q(x,y)\,\varphi_1(x,y) * p(x,y)\right]$$
$$= q(x,y)\left[q(x,y) * p(x,y) * p(x,y)\right]$$

由此 N 个薄层组成试样的下表面得出散射振幅：

$$\varphi_n(x,y) = q_n(x,y)\left[\cdots\left[q_2(x,y)\cdot\left[q_1(x,y) * p_1(x,y)\right] * p_2(x,y)\right]\cdots\right] * p_n(x,y)$$

$$\tag{2-18}$$

按照多层法可以进行高分辨图像的计算机模拟，图 2-10 是高分辨强度计算的程序方框图。模拟软件要求首先输入晶体的元素、晶格常数、原子坐标、德拜温度、晶带轴指数，以及设定层厚度和层数等参数，计算原子散射因子 f_i、晶胞结构振幅 F_g、投影势函数 $\varphi(x,y)$、透射函数 $q(x,y)$、传播函数 $p(x,y)$ 等，得到 N 层下散射波合振幅 $\varphi_n(x,y)$。再加入电子波长 λ、球差系数 C_s、离焦量 Δf、色差离焦 Δc、照明孔径角 α_c 等成像系统等参量，计算得到衬度传递函数相位项 $\chi(u,v)$、衰减包络函数 $G(u,v)\cdot S(u,v)$，调制后得到波合振幅 $\Psi'_n(u,v)$，进行傅里叶变换为正空间波振幅 $\Psi'_n(x,y)$，按照 $I_n(x,y)=\Psi'^*_n(x,y)\cdot\Psi'_n(x,y)$，计算得出像平面处的强度分布，就是高分辨模拟像。

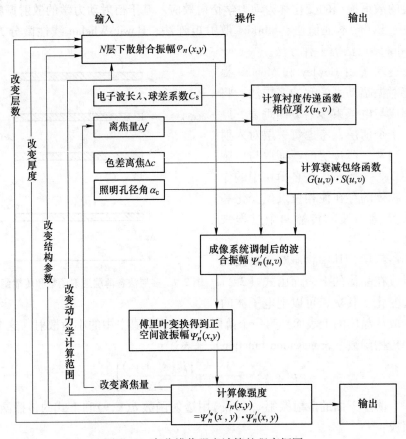

图 2-10　高分辨像强度计算的程序框图

2.2.3.2　结构模拟像

用计算机软件进行高分辨像模拟，都需要输入试样的晶体学常数、电镜参数和试样厚度以及离焦量。晶体学常数和电镜参数是相对确定的，而试样厚度 t 和离焦量 Δf 是随机改变的。模拟中可以设定 t 和 Δf 的变化范围，得到随之变化的系列图像，同电镜观察记录下的图像逐一比对，最终确定准确的观察图像。图 2-11 是 β-SiN 的 TEM 像和计算机模拟像。图 2-11（a）中示出沿 c 轴入射的 β-SiN 的高分辨 TEM 像，图 2-11（b）和（c）分别是模拟像和原子排列像。

可以看出，3 张图的衬度分布特征和周期性基本结构是完全一致的。原子位置是暗的，与投影的原子列逐一对应，且体现出不同原子序的原子列，其投影点的黑度和尺度不同，Si 原子大，N 原子小。没有原子的地方是亮的。把这种势高（原子）的位置是暗的，势低（原子的间隙）的位置呈现亮的像称为结构像。

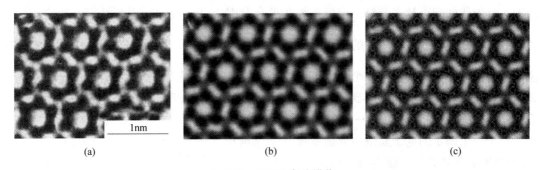

图 2-11　β-SiN 高分辨像

（a）TEM 像，$\boldsymbol{B}=[001]$；（b）计算机模拟像；（c）原子排列像

2.3　透射电子显微镜分辨本领

高分辨电子显微镜有两个分辨本领的概念：点分辨本领和晶格分辨本领。需要指出的是，点分辨本领和晶格分辨本领都是电子显微镜本身成像的特性，基本上与试样的性质无关。

依据 $I(x,y)=\Psi^*(x,y)\Psi(x,y)$ 计算像平面的强度分布，考虑样品对电子的吸收 $-\mu(x,y)$，当 $\mu\ll\sigma\varphi$ 时，像衬度：

$$C(x,y)=2\sigma\varphi(x,y)*\mathcal{F}[\sin(u,v)] \tag{2-19}$$

一般认为相位传递函数 $\sin\chi(u,v)$ 是电子显微镜分辨本领的科学判定指标。图 2-12 加速电压分别为 100kV、200kV，球差系数 C_s 2.0mm、1.2mm 的电子显微镜，在各自的 Scherzer 欠焦条件下计算的 $\sin\chi(u,v)$ 曲线。

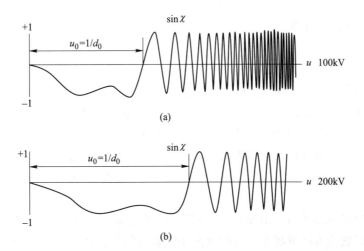

图 2-12　Scherzer 欠焦条件下的 $\sin\chi(u,v)$ 计算曲线

（a）加速电压 100kV、$C_s=2.0$mm 电镜；（b）加速电压 200kV、$C_s=1.2$mm 电镜

可以看出，随坐标 u（或散射角 α）的增加，曲线在 $-1\sim+1$ 之间起伏震荡，衬度传递

函数正负起伏的间距越来越窄，成像系统在平台范围内（曲线与横坐标的第一个交点前）的所有衍射波近似地进行相同的 $-\dfrac{\pi}{2}$ 相位调制，对于透射束则是零相位调制。这些通过相位调制的衍射波如同通过了一个 Zernike 相位板一样，将反应原子尺寸结构细节（即势函数）的相位分布转化为可观察到的像强度分布。从而获得可以直接解释为投影势分布的反应物样结构细节的相位衬度像——高分辨像。

对于一个确定的电子显微镜成像系统（加速电压、球差系数确定），总可以选择到一个最佳的 Δf 欠焦条件，使得 $|\sin\chi(u,v)|\approx1$ 的平台展开最宽，称这个条件为 Scherzer 欠焦条件。为了避免传递函数的高空间频率震荡引起像衬度的复杂化，常常用适当尺寸的物镜光阑，刚好挡住所有高频振荡部分，只让对应传递函数的平台部分的衍射束通过，这样一来，传递函数平台的宽窄直接影响高分辨像上可以直接解释的结构分辨极限。

$|\sin\chi(u,v)|\approx1$ 的平台展开越宽，对于弱相位物，可以用势函数投影来解释的结构细节越细。人们规定在 Scherzer 欠焦条件下的 $\sin\chi(u,v)$ 曲线与横坐标的交点对应空间频率的倒数 d_0 为相干条件下的电子显微镜的点分辨本领。

Scherzer 条件由下式给出：

$$\Delta f = 1.2\,(C_s\lambda)^{\frac{1}{2}} \tag{2-20}$$

Δf 的符号在欠焦一侧（减小透镜电流）取为正。此时 $\chi(u,v)=0$，即：

$$\chi(u,v)=\frac{\pi}{2}C_s\lambda^3(u^2+v^2)^2+\pi\Delta f\lambda(u^2+v^2)=0$$

$$(u^2+v^2)^{\frac{1}{2}}=\sqrt{2.4}\,C_s^{-\frac{1}{4}}\lambda^{-\frac{3}{4}}=1.549\,C_s^{-\frac{1}{4}}\lambda^{-\frac{3}{4}}$$

对应的空间频率是：

$$u=1.565\,C_s^{-\frac{1}{4}}\lambda^{-\frac{3}{4}}$$

得到电镜的点分辨本领：

$$d_0=\frac{1}{u}=\frac{1}{1.565}C_s^{\frac{1}{4}}\lambda^{\frac{3}{4}}=0.639\,C_s^{\frac{1}{4}}\lambda^{\frac{3}{4}} \tag{2-21}$$

如果电镜的加速电压 100kV，球差系数 $C_s=2$mm，电镜的点分辨本领就是 $d_0=0.36$nm。

从式（2-21）看出，改善电镜点分辨本领的根本措施是降低球差系数和提高加速电压以降低波长。当采用较高的加速电压时，在 Scherzer 最佳欠焦条件下得到的 $\sin\chi(x,y)$ 平台向右侧展宽，给出改善的高分辨像点分辨率。当前，提高加速电压以降低波长已经不是问题，降低球差系数也取得显著成效，球差校正电镜已经有系列产品，分辨率优于 0.1nm。

但随着加速电压的升高，由发射电子的能量发散引起的色差效应迅速变得不重要，而电学稳定性的问题变得严重起来，这使超高压电镜的信息分辨本领与一般高分辨电镜相比较并无较大改善。为了得到较高的信息分辨率，200～300kV 中等加速电压是较好的选择。另外，考虑到设备真空度要求、试样的辐照损伤等问题，加速电压也不是越高越好。值得重视的是，由于电镜传递函数中各参数是已知的或是可以测定的，用图像处理方法，对数值化的高分辨像进行解卷，可以得到优于电镜点分辨本领的高分辨像结构细节。

2.4 高分辨像观察

高分辨电子显微像是通过后焦面的复数波干涉而形成的相位衬度。因而，电子衍射花样具有什么样的强度分布，即是利用什么样的衍射条件来成像，观察到的高分辨像的信息会有所不同。主要有晶格像、结构像，能给出直观的晶体结构和各种缺陷。在观察像之前，应当确定要从高分辨电子显微像获得什么样的信息，预先设定相应的拍摄条件和衍射条件。理解高分辨像的主要依据是衍射花样给出的晶体点阵信息。

2.4.1 高分辨像类型

依据试样、衍射条件和光阑选择成像束的不同，把具有不同结构信息的高分辨电子显微像划分成3种：晶格条纹、晶格像和结构像。

图 2-13（a）是 Au 多晶体薄膜衍射形成的多晶体环。由于光阑的形状限制，只能选择透射束和 111 环上的一弧段成像。弧段上的每一点都是由一支衍射束形成的，不可能使每一支衍射束都符合成像条件，其中只有近似符合 Scherzer 条件的衍射束会给出高分辨像，并且这种条件下得到的高分辨像，不能确保带轴与入射束严格平行，即不一定是晶面势的正投影，称这种条纹像为晶格条纹。图 2-13（b）为 Si 单晶体的电子衍射花样，电子束沿 $[1\overline{1}0]$ 带轴入射，得到周期性排列的系列衍射斑点。光阑选择 000、111、002 束成像，可以得到 000 和 111 束形成的（111）晶格像、000 和 002 形成的 002 晶格像。由于电子束平行于带轴即平行于（111）和（002）晶面，所以得到的图像是两个晶面的势投影像，这种高分辨像称为晶格像。图 2-13（c）是 β-SiN 单晶体衍射花样，电子束沿 ［001］带轴入射，得到周期排列斑点。由于晶体的面间距较大，所以衍射斑点靠近中心斑且数量多。在满足分辨率要求的条件下，光阑选择尽量多的衍射束成像，得到原子（团）的势投影，这种高分辨像称为结构像。

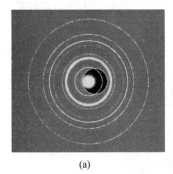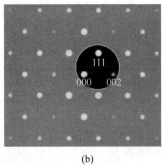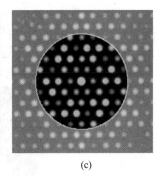

(a)   (b)   (c)

图 2-13　3 种高分辨像的成像束选择

（a）晶格条纹的成像束，透射束和衍射弧段上的一支衍射束；（b）晶格像的成像束，透射束和两支衍射束；
（c）结构像的成像束，透射束和多支衍射束

2.4.1.1 晶格条纹

图 2-14 是经过 500℃热处理的 FINEMET 合金的高分辨电子显微像和衍射花样。物镜

光阑在后焦面花样处选择透射束和一段衍射弧（图 2-13（a）），弧段上符合成像条件某一支衍射束和透射束干涉成像，在像平面得到一维方向上强度呈周期变化的条纹，即晶格条纹。

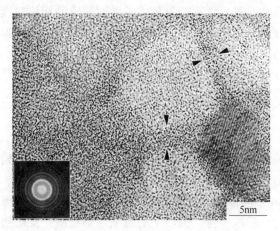

图 2-14　FINEMET 合金微晶的晶格条纹和非晶的无序点状衬度

衍射花样揭示合金为体心立方结构。图像中能观察到透射束和微晶的 110 衍射束干涉产生的晶格条纹。微晶呈球形，周围是无序点状的非晶衬度（两箭头中间）。衍射花样中，重叠在明锐的 110 环内侧宽化的衍射环也显示出非晶的存在。晶格条纹清晰的区域是（110）衍射强的晶体，模糊的区域对应 110 衍射弱的晶体。看不见晶格条纹的晶体，处于非 110 衍射位置，入射波不产生衍射，形成明亮的单调衬度。

2.4.1.2　晶格像

图 2-15 是 Al_2O_3-ZrO_2 的晶格像。图像中有两相晶粒的晶格，显示出后焦面衍射花样是 Al_2O_3 晶体和 ZrO_2 晶体的复合花样，两个带轴都平行于电子束，所以（100）$_{ZrO_2}$ 和（012）$_{Al_2O_3}$ 晶面都垂直于像平面。光阑选择 000、100$_{ZrO_2}$ 和 012$_{Al_2O_3}$ 成像，晶面的势投影形成深色条纹。可以用测量平均值的方法确定晶体的晶面间距。磁转角为零条件下，晶格像的条纹与倒易矢量严格垂直。这类图像含有单胞尺度的信息，但不含原子尺度（单胞内原子排列）的信息，所以称为晶格像。

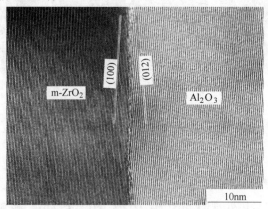

图 2-15　Al_2O_3-ZrO_2 复合陶瓷的晶格像

晶格像由于应用有限的衍射波成像，在偏离 Scherzer 条件下也能进行有效观察；并且试样厚度发生变化时，图像会出现黑白衬度反转，这种情况下，晶格像难以确定与原子面对应的是暗线还是亮线。但是二者同样反映晶格的周期性，提供的晶胞尺度信息也是相同的，因此以明线或暗线计算晶面间距是等价的。晶格像常用于晶格缺陷研究。

2.4.1.3　结构像

结构像由足够多的合理的衍射波干涉成像，在 Scherzer 条件下，像衬度直接反映了晶体势在电子束方向上的投影，投影点的黑度或大小与原子序数的高低成比例。重原子色深、尺寸大，轻原子色浅、尺寸小，结合 X 射线衍射和元素分析等方法，可以准确区分不同亮度和尺寸的投影点为何种原子，能够从结构像中确定未知结构和原子（团）的排列和坐标。由于 TEM 高分辨像与试样厚度和离焦量相关，所以确定未知结构时，应该进行计算机模拟加以验证。图 2-16 是 Sm_2CuO_4 超导氧化物的 TEM 结构像和计算机模拟像。图 2-16（a）是 TEM 结构像，$\boldsymbol{B}=[010]$，即电子束沿晶体的 b 轴投影。图片从左上到右下试样厚度逐渐增加。图 2-16（b）是计算机模拟像，离焦量 $\Delta f=45nm$，厚度 t 由 1.57nm 增加至 2.74nm，随着厚度的增加，两个图像的变化趋势相同。比对图 2-16（a）和（b），两者的衬度分布特征和结构周期是完全一致的，不同灰度的原子势投影点清晰可分。Sm、Cu 和 O 的原子序数分别是 62、29 和 8，图中尺寸最大的黑色点是 Sm 原子，Cu 原子尺寸显著减小呈灰色，O 原子为最小的灰白色。尺寸最大的白色位置是原子间的空位，在图中用星号标出。按照这一规律作出能表征周期性的最小单元，就是这种 Sm_2CuO_4 超导氧化物的结构。

观察结构像首先要调整入射束和试样晶体的相对位向，得到完全对称的电子衍射花样，保证电子束沿带轴入射，图像中可以正确地显示原子列的势投影。用光阑在后焦面选择成像束时，要注意到衍射波来自晶面，晶面间距小于电镜分辨率的衍射波，尽管也携带了结构信息，却不可能参与正确结构信息的成像，而只能成为背底干扰成像。因此，成像束既要选用尽可能多的衍射波，又要在分辨率允许的范围内选择，才能得到原子排列的正确信息。

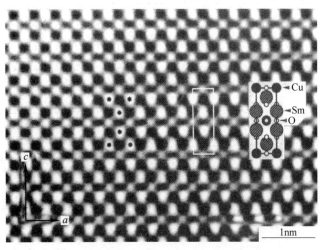

(a)

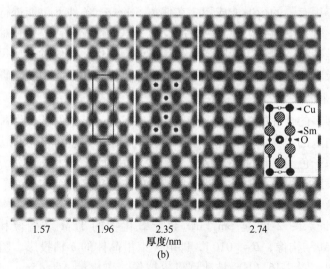

厚度/nm
(b)

图 2-16　Sm_2CuO_4超导氧化物的结构像

（a）TEM 像；（b）计算机模拟像

2.4.2　晶体缺陷的典型高分辨像

电子显微镜的高分辨像，目前应用最多是晶格像的晶体缺陷分析。同 X 射线衍射和中子衍射等精密结构分析方法相比，高分辨电子显微方法的优点是能够在实空间中直接观察，利用这个特点可以研究其他实验方法无法明确解释的各种缺陷。晶体中最主要的缺陷是位错、层错、晶界、相界和表面，掌握这些缺陷高分辨像的特征是 TEM 高分辨分析的基础。

2.4.2.1　位错

位错是晶体中的线缺陷。电镜的单束成像方法，利用位错线附近晶格畸变引起的偏离布拉格衍射条件形成衍衬像，可以有效地观察位错组态和确定位错的柏氏矢量。但由于分辨率的限制，衍衬像难以观察到 1.5nm 以下的分解位错。采用高分辨电子显微方法，设定最佳拍摄条件可以从原子尺度搞清楚位错核芯（dislocation core）的结构。

在高分辨电子显微方法中观察的是沿电子束方向的投影势，得到直观图像。通常，使电子束平行于原子列入射进行观察。因而对于位错线，电子束可以按图 2-17 中模型所示的 a、b、c 3 个方向入射，能够分别得到位错的不同信息。

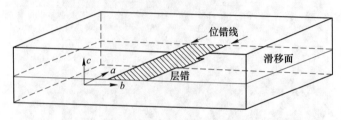

图 2-17　电子束入射方向和位错的几何排列

电子束平行于 a、b 轴可以观察到扩展位错宽度，沿 c 轴可以观察到插入半原子面（extra half plane）。使电子束平行于位错线入射时，能直接看出位错分解的组态，以及能从原子尺度确定其分解宽度。如果位错线弯曲，或者试样表面附近位错核芯的晶格畸变弛豫，则不能得到清楚的衬度。

图 2-18（a）是 Si 晶体中位错的晶格像。电子束沿位错线方向入射，虚线环中的半原子面，按照黑色线为晶面的势投影，按照衬度反转白色线也具有相同的组态特征。这种清晰可见的原子面同图 2-18（b）所示的位错晶体学模型完全一致。

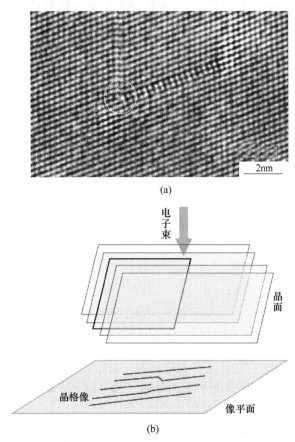

图 2-18　位错晶格像
（a）Si 晶体的位错；（b）晶体模型，电子束沿位错线方向入射

2.4.2.2　层错

图 2-19 是层错的晶格像。试样是 β-SiC，电子束沿 ［100］入射。图 2-19（a）的晶格像，B=［100］，S 是层错，层错宽度为线段 ab。a 处的半原子面在层错 S 的上方，b 处的半原子面在层错 S 的下方，位错线垂直于纸面，电子束沿位错线入射。图 2-19（b）是扩展位错的晶体模型。密排面出现半原子面，中间区域原子错位排列形成层错，层错的边缘是位错。

2.4.2.3　晶界

图 2-20 是 β-SiC 两个晶粒的晶格像，晶粒中间是晶界。通过花样计算得出两个晶粒的晶带轴都是 ［110］，即两个晶粒的 ［110］晶向是平行的，其位向差是两个 ［001］晶向

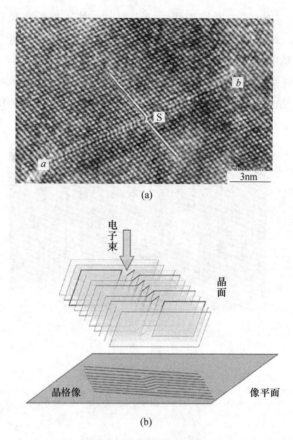

(a)

(b)

图 2-19   β-SiC 的扩展位错

（a）晶格像，$\mathbf{B}=[100]$，S 为层错，a、b 为半原子面位置；（b）扩展位错的晶体模型

的夹角，直接测量约为 45°，晶粒具有大角晶界。晶界宽度一般为 2~3 个原子层，晶界处由于原子排列紊乱，其晶格像呈现不规则分布。晶界晶格像的特征是其两侧晶格位向不同，晶面指数可以由衍射花样中的成像束指数得出。

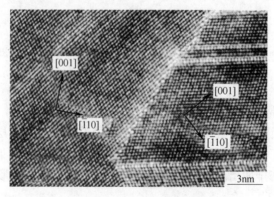

图 2-20   β-SiC 晶界的晶格像

（$\mathbf{B}=[110]$，两侧晶粒位向差约 45°）

晶界是晶体的主要缺陷，由于晶界有多种不同的类型，其晶格像也形成不同的特征。

图 2-21 是几种常见的晶界高分辨像。图 2-21（a）是 SiC 晶界，R 和 Q 晶粒内存在大量的孪晶和层错，使晶界原子错排度增高，晶界附近晶格形成微小的错乱。图 2-21（b）是 SiC 试样，存在孪晶界和孪晶。晶体的相对切变形成孪晶界，孪晶界两侧晶体成镜面对称。微孪晶可以由几十个原子面构成。图 2-21（c）是 Si_3N_4 的小角晶界，可以看到周期排列的晶界位错。图 2-21（d）是 Si_3N_4 晶界，晶界处清晰无杂质相。图 2-21（e）是 Si_3N_4 晶界，界面为（100），存在约 1nm 厚度的 SiO_2 非晶层。图 2-21（f）是 Si_3N_4 三叉晶界，箭头指示为非晶衬度，3 个晶粒由于存在位向差，不同时符合 Scherzer 条件，因此晶格像清晰程度不同。图 2-21（g）是金属间化合物 Ni_3AlTi 晶界，上下两个晶粒转动 10°，箭头所示为晶界位错，晶界位错分解为 $a/2$ [110] 和 $a/2$ [1$\bar{1}$0] 两个位错，排在晶界上。图 2-21（h）是金属间化合物 Ni_3AlTi 晶界，按照 [010] 晶向夹角测量晶粒转动约 40°，看不到晶界位错，晶界原子紊乱加强。

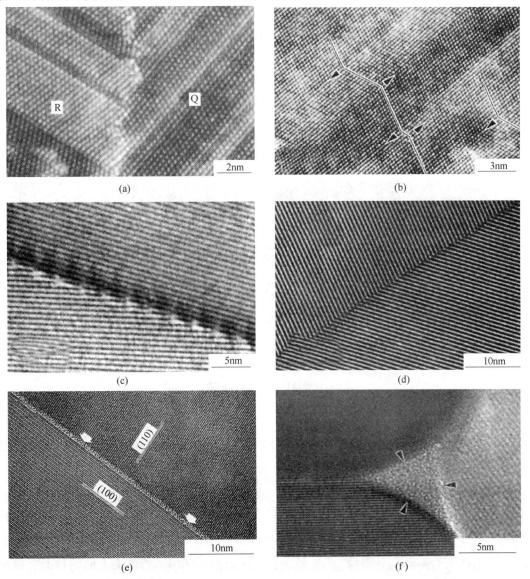

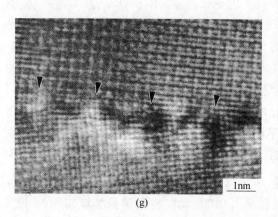
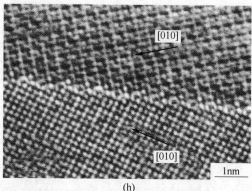

(g)　　　　　　　　　　　　　　　(h)

图 2-21　晶体晶界的高分辨像

（a）SiC 晶界；（b）SiC 孪晶界和孪晶；（c）Si_3N_4 小角晶界，有晶界位错；（d）Si_3N_4 晶界；

（e）Si_3N_4 晶界，存在非晶层；（f）Si_3N_4 三叉晶界，有非晶；（g）Ni_3AlTi 晶界，位向差 10°；

（h）Ni_3AlTi 晶界，位向差 40°

2.4.2.4　相界

相界和表面是另外一种界面，不同的是相界的两侧为不同的相，表面是晶体同外界的界面。图 2-22 是两种界面的高分辨像。图 2-22（a）是铝合金中 Si-Al 的相界面，$B = [100]_{Al}$，图 2-22（b）是 Si_3N_4-TiN 复合陶瓷的相界面。

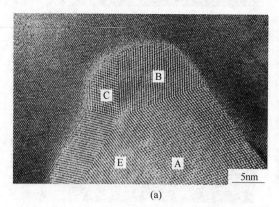
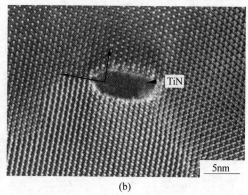

(a)　　　　　　　　　　　　　　　(b)

图 2-22　相界高分辨像

（a）Al-Si 相界面；（b）Si_3N_4 和 TiN 界面

图 2-22（a）中 Al 的 [110] 和 Si 的 [110] 平行，电子束沿轴入射。Si 粒子观察到 5 个孪晶组成的孪晶结构。围绕 [110] 轴，5 个金刚石结构的（111）面（$\overline{1}11$）面的孪晶合在一起，适配角度 7°，所以 5 个区的 [110] 轴都有些倾斜。Al 和 Si 的界面垂直纸面。Si 的 A、E 畴同 Al 的界面半共格。Si 晶体的（111）的 3 倍几乎等于 Al（111）的 4 倍，失配度约 0.25，是半共格。B、C 位置不具有确定的位向关系，可以看到非晶层衬度。图 2-22（b）中的 Si_3N_4-TiN 复合陶瓷高分辨像，TiN 显示长箭头方向 [001]，短箭头方向 [$\overline{1}10$]，带轴

$[1\bar{1}0]$，基体为 Si_3N_4 的（001）晶格像，即 $[1\bar{1}0]_{TiN}$ // $[001]_{Si_3N_4}$，$(110)_{TiN}$ 面间距为 0.299nm，$(001)_{Si_3N_4}$ 面间距为 0.291nm，面间距相当，形成半共格关系。

2.4.2.5 表面

表面是中断内部周期结构的面缺陷，其原子排列往往不同于内部结构，形成特有的结构。图 2-23 是表面的高分辨像。

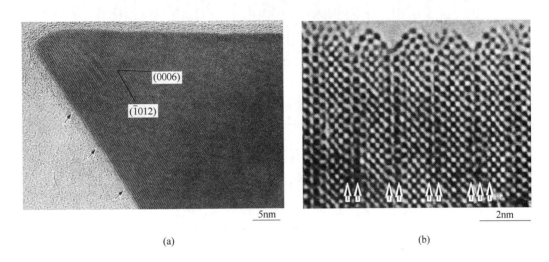

(a)   (b)

图 2-23 材料表面的 TEM 高分辨像

（a）α-Fe_2O_3 表面；（b）$Pb_2Sr_2Y_{0.5}Ca_{0.5}Cu_3O_8$ 表面

图 2-23（a）是 α-Fe_2O_3 表面的晶格像。外表形状为 60°尖角形，其主平面为（0006）晶面，侧面为（$\bar{1}012$）晶面构成单晶体。侧面箭头指示的位置呈台阶结构是晶体生长过程中形成的。图 2-23（b）是 $Pb_2Sr_2Y_{0.5}Ca_{0.5}Cu_3O_8$ 的表面结构像，$\boldsymbol{B}=(001)$，表面原子发生重新排列，箭头所示的 Pb 原子层比较其他原子层，可以看到发生明显塌陷。

2.4.3 特殊像

除了 TEM 结构像和缺陷像之外，由于试样的特殊性或在特定的成像条件下，经常会观察到某些比较特殊的 TEM 高分辨像，掌握这些像的特征，对 TEM 高分辨分析会有所帮助。

2.4.3.1 一维结构像

图 2-24 是 Bi 系超导氧化物的一维结构像。图 2-24（a）是 TEM 像，严格平行的条纹，但不是晶格像。其特点在于电子束平行于晶面入射，得到一维衍射斑点，如图 2-24（b）所示。晶格像的成像束为 000 和 $\pm g$，这里是在不影响分辨率的条件下选择尽量多的成像束，使电子束携带尽量多的结构和原子信息。晶格像仅是一个条纹线，图 2-24（a）的条纹在放大条件下，可以看出有 2～4 个亮线出现，每一条亮线对应着一层 Cu-O 层，这是有别于晶格像的结构信息，如图 2-24（c）所示。

2.4.3.2 反相畴界

图 2-25 是 Fe_3Al 有序晶格的高分辨像。图 2-25（a）显示直线型反相边界，图中箭头

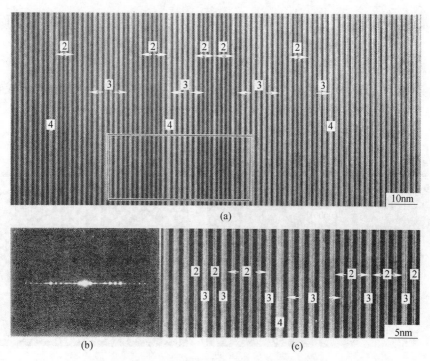

图 2-24　Bi 系超导氧化物一维结构像

（a）一维结构 TEM 像；（b）电子束平行晶面入射得到一维衍射斑点；

（c）图（a）的局部放大像，亮线对应 Cu-O 层

指示位错。图 2-25（b）为（a）的放大图，白点对应于电子束方向投影的 Al 原子列位置，白线显示畴界，两侧原子错排，D 显示筹界处的台阶。

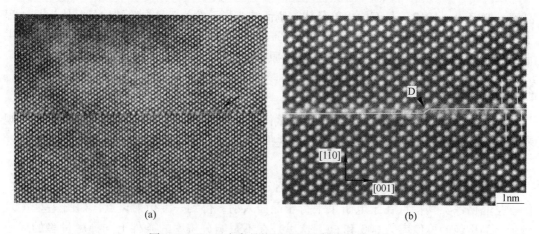

图 2-25　Fe$_3$Al 有序晶格的反相畴界，$\boldsymbol{B}=[110]$

（a）畴界呈直线型，箭头指处有位错；（b）放大图，D 为台阶

2.4.3.3　位错环

图 2-26 为 YBa$_2$Cu$_3$O$_2$ 的 TEM 结构像。图中箭头所指处为多余原子面，对应于结构框

图中的 Cu-O 层，形成位错环。两端箭头处存在柏氏矢量平行于［001］的异号刃位错。

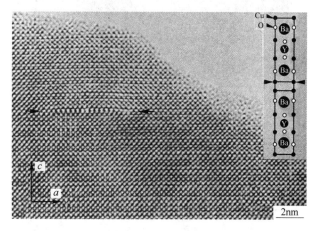

图 2-26　超导氧化物中位错环的结构像，B =［010］

2.4.3.4　解理台阶

图 2-27 是 $TlBa_2CaCu_2O_2$ 超导氧化物结构像。断裂表面为（001）解理面。TEM 像中箭头指示解理台阶，高度仅为几个原子层；结构框图中箭头显示，解理断裂发生在 Ba 原子面和 Cu 原子面之间。

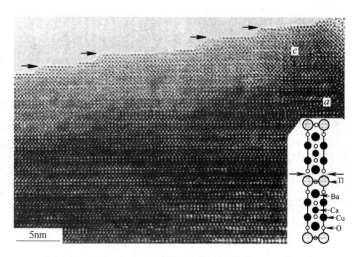

图 2-27　$TlBa_2CaCu_2O_2$ 超导氧化物结构像，B =［010］

2.4.3.5　裂纹沿晶界扩展

图 2-28 是 Si_3N_4 晶格像。左下和右上是两个不同位向的 Si_3N_4 晶粒，显示出两个不同晶面的晶格，裂纹沿晶界扩展（黑色箭头），晶界处有非晶衬度。裂纹扩展方向沿晶界发生转折，在原扩展方向前方发生晶格畸变（白色箭头）。

2.4.3.6　晶格过滤像

图 2-29 是 $Tl_2Ba_2CuO_6$ 晶格像。图 2-29（a）中心箭头处有位错，由于存在其他晶格，

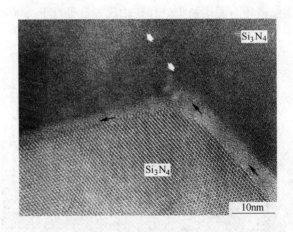

图 2-28　Si_3N_4晶格像（裂纹沿晶界扩展和晶格畸变）

不能清楚分辨。图 2-29（b）为晶格过滤像。TEM 像数值化后进行傅氏变换，得到傅里叶变换花样，过滤掉其他衍射束和噪声，只选用 110 和 1̄1̄0 再傅氏变换成像，得到只有一组（110）晶面的晶格像，可以看到清晰的半原子面（图中虚线环）。

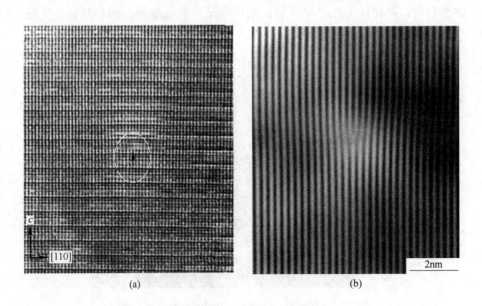

(a)　　　　　　　　　　　(b)

图 2-29　$Tl_2Ba_2CuO_6$位错的高分辨像

（a）晶格像；（b）过滤像

2.4.3.7　非晶物质的高分辨像

图 2-30 是 FINEMET 合金非晶态的高分辨像，衬度特征为无序点状。通过傅氏转换得到非晶环，可以计算出非晶原子团簇的尺寸以表征非晶结构。计算非晶环最大半径同已知晶面间距（通常是 Au 的小晶体）比较，换算出最小分辨尺寸，即 TEM 点分辨率。另外，在 TEM 观察中非晶像用于消像散会得到很好的效果。

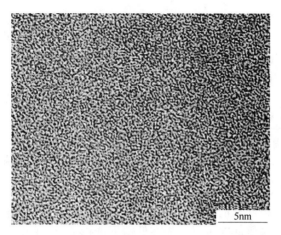

图 2-30　非晶态 FINEMET 合金的 TEM 高分辨像

2.5　高分辨像观察与分析的一般方法

进行高分辨分析，按照工作顺序包括制样、正确观察与摄照和图像分析 3 个主要环节，每个环节都存在需要注意的具体问题。

2.5.1　试样与设备

高分辨观察的基础条件包括制备的试样是否存在合适的薄区和电镜分辨率是否优于需要观察的尺寸。

2.5.1.1　超薄试样

TEM 高分辨观察最基础条件就是制备出合格的超薄试样。一般情况下，应使需要观察的区域的厚度不超过 10nm，观察结构像还应该减薄至 5nm 以下。观察晶格像试样厚度可以适度放宽，但是试样厚度增加会给图像分析带来困难，甚至难以形成高分辨图像。可根据试样材料的特点选择不同的方法进行制备。一般来说，金属材料可用电解抛光法，无机材料多用离子减薄，具有精细结构的材料可以选择离子束切割（FIB），脆性材料适合粉末法制备。也可以结合几种方法制备。目前试样制备的各种方法是成熟的，但是在具体的制备过程中，还需要注意探索和总结，有的需要反复试验，才能得到保持材料原始结构、厚度符合要求的 HRTEM 试样。

2.5.1.2　电镜性能

高分辨像观察主要考虑的是电镜分辨率和真空度。观察之前，要掌握电子显微镜的使用分辨率（不是验收分辨率。一般电镜运行一段时间后，其分辨率会低于电镜验收时的指标）是否满足观察试样的要求，必须保证使用分辨率优于试样观察的最小尺寸，就是分辨率尺寸一定要优于（小于）观察尺寸，达不到这一要求应改换符合要求的电镜进行观察。另外，由于高分辨试样观察时间长，观察区域小，要求电镜有尽量高的真空度以减少试样污染的概率；电镜的电流和电压稳定度也要符合要求，才能保证观察成功。

2.5.2　观察与拍照

观察与拍照是高分辨分析的核心环节，能否成功进行，取决于正确的电子衍射、消像散和确定 Scherzer 条件。

2.5.2.1　电子衍射

高分辨成像首先要对选定区域做电子衍射，得到衍射花样求出晶体参数。衍射操作中要注意两个问题。一是调整晶体和电子束的位向，使衍射花样完全对称，电子束沿带轴入射，保证原子柱垂直像平面形成势投影。二是用光阑选择成像束时，注意选择的衍射斑点对应的面间距不低于分辨率，低于分辨率的衍射束只能形成背底干扰成像。

2.5.2.2　消像散

高分辨成像的必要条件是消像散，存在像散不可能形成高分辨像。传统的消像散用菲涅尔条纹法，从低倍到高倍逐次进行。先在低倍下选择试样上的圆孔成明场像，在欠焦条件下孔边缘出现亮线。有像散时亮线不完整，仅沿圆孔内缘形成弧段，调整消像散器使亮线连续完整并且宽度均匀，这一倍数下的像散即告消除，再提高放大倍数，重复进行消像散。一般情况下，消像散的最后倍数应高于观察倍数。这种方法消耗时间长，试样容易污染，要求高水平操作，通常在观察区域以外的区域进行，待像散消除后再转到观察区域成像。现代电镜都配备有数字成像系统，利用这一系统可以进行快速傅里叶变换（FFT），对后焦面的花样进行即时观察，可以大幅度提高消像散的效率取得良好效果。图 2-31 显示了 FFT 的消像散的特征。在试样上选择一非晶区，聚焦后转入 FFT 模式，出现如图 2-31（a）的非晶衍射环，一般都可以看到衍射环椭圆畸变，这是存在像散的标志。调整消像散器，使衍射花样形成正圆，如图 2-31（b）所示，消像散即告完成。这种方法操作简单效果好，但是不一定每个试样都找到合适的非晶区域。图 2-31（c）是试样漂移引起的衍射环缺失（箭头所示），这种现象常常随像散的椭圆畸变一同出现，使样品台稳定一段时间会明显改善。

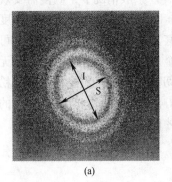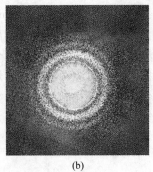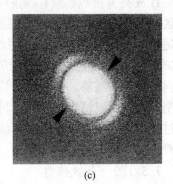

（a）　　　　　　　　（b）　　　　　　　　（c）

图 2-31　FFT 非晶薄膜衍射花样

（a）有像散；（b）像散消除；（c）试样漂移

2.5.2.3　最佳离焦量

物镜的球差系数和电子波长决定了 Scherzer 离焦量（$\Delta f = 1.2(C_s\lambda)^{\frac{1}{2}}$），每台电镜都有

最佳离焦量。确定方法是精确聚焦使图像衬度最低，然后按照欠焦方向（减小电流）调节电流，每一档改变约 2nm 或 5nm（不同型号电镜有不同设计），图像衬度逐渐加强达到最清晰时，一般是 Scherzer 条件附近，可以进行拍照。由于试样厚度不同，最佳离焦量会有所改变，为了得到正确的图像，通常采用的方法是在形成可见衬度后，每增加一档离焦量都拍照 1~2 张图像，从中选择最清晰图像进行确定。注意结构像必须在最佳离焦量条件下拍摄。

2.5.3　图像解释与标定

对高分辨像的解释说明主要包括电子衍射花样标定、图像的计算机模拟和高分辨像的标定。

2.5.3.1　电子衍射花样标定

花样标定是高分辨像分析的基础，花样提供的晶体物相、电子束入射方向（花样晶带轴）、晶格指数、面间距和晶体位向等是诠释高分辨图像的基本晶体学信息。通过高分辨像是后焦面处衍射花样的傅氏转换，可以得出晶格像中的格线同花样中的倒易矢量严格垂直（磁转角为零条件下）、晶面指数就是成像衍射斑点的指数（不加括号），晶格像间距对应于衍射斑点所示晶面的面间距等结论。应该注意的是，由于电子衍射误差较大，未知相的鉴定需要结合 X 射线衍射、元素分析等方法作出。

2.5.3.2　计算机模拟

模拟像是结构像分析的必要辅助手段。鉴于摄照的系列 TEM 结构像，其试样厚度和离焦量有较大的随机性，有必要通过模拟计算出 Scherzer 条件下超薄试样（$t \leqslant 5nm$）的模拟像，同系列 TEM 像比对原子列势投影点的灰度、大小是否同原子序成比例，结构周期的尺寸和衬度分布特征是否完全一致，逐一确定各投影点的原子序及排列基本单元，得出反映真实结构的 TEM 像。

2.5.3.3　图像标定

高分辨像分析的最后环节是在图像中标注出相关的晶体学信息，包括晶体的投影方向即衍射花样给出的晶带轴指数、晶格像的晶面指数或面间距、结构像的结构框图、在原子位置处注明元素符号等。必要时还应该给出衍射花样，并圈出成像束。图像标尺一般由电镜给出，需要测量鉴定相面间距等常数时，考虑到加速电压和励磁电流波动会引起的误差，应该依据 TEM 像的已知晶体面间距校正标尺精度，再由标尺确定鉴定相的晶体常数。

除了确定晶体结构和分析晶体缺陷之外，高分辨像可以进行更深层面的解读。例如用矢量图像识别法判断超点阵有序子集原子的占有率变化，用相位法直接确定点阵畸变等，这种处理使高分辨图像分析提高到定量化层面，得出的相关信息也应该在图像上作出相应的标定。

$$\boxed{\text{思 考 题}}$$

2-1　概念理解：

相位衬度；透射函数；相位衬度传递函数；球差系数；Scherzer 条件；点分辨率；晶格条纹；晶格

像；结构像。

2-2　总结位错、层错、晶界高分辨像的特征。

2-3　依据层错的晶格像，画出对应的晶面排列组态。

2-4　对透射函数 $q(x,y)$ 作一次傅里叶变换和二次傅里叶变换，各得到什么结果？

2-5　对"Cu-Cr 原位复合材料中 Cu/Cu、Cu/Cr 界面"进行 HRTEM 分析（材料热处理学报，2013，34（1）），得到如图 2-32 所示的结果。

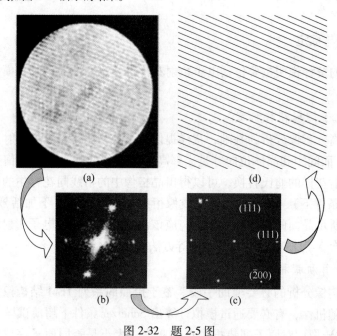

图 2-32　题 2-5 图

（a）Cu 的 HRTEM 像；（b）傅里叶转换的斑点；（c）花样标定；
（d）选择斑点作反傅里叶变换的高分辨像

试说明：

（1）傅氏转换的操作过程；

（2）图 2-32（d）属于哪一类高分辨像？

（3）检查图 2-32（c）花样标定是否正确，如果有误给出改正；

（4）对图 2-32（d）的晶格指数作出标注，说明标注的依据。

3　# 分析型电子显微镜

　　分析型电子显微镜是综合了透射电镜和扫描电镜的功能，配备 X 射线能谱和损失谱仪等仪器，实现了对薄晶体试样的形貌、结构、元素、物相、位向的综合分析，又称扫描-透射电镜（scanning-transmission electron microscope，STEM），或电子显微镜的 STEM 工作模式。

3.1　分析型电子显微镜的工作原理与结构

　　分析型电镜是在透射电镜的基础上，把平行电子束会聚成针状电子束，在透过薄晶体试样的同时，像扫描电镜一样在试样上做光栅式扫描，逐点激发出透射电子、非弹性散射电子、特征 X 射线、二次电子和背散射电子等，用于成像和分析，如图 3-1 所示。这种扫描-透射电子显微镜，实现了对同一试样上的任一点处的形貌、结构、元素、物相、位向的综合分析，成为一个材料综合分析的平台设备。

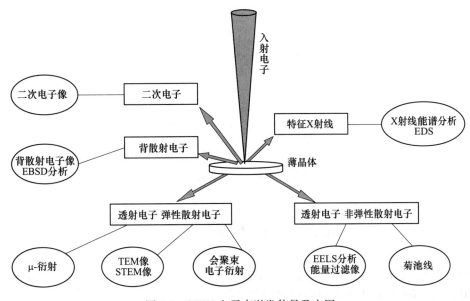

图 3-1　STEM 电子束激发信号及应用

　　图 3-2 是 STEM 电镜电子光学系统的主要配置框图。电镜保留原有的平行光入射功能，在透射电子成像板处形成常规的 TEM 像和电子衍射花样。在扫描透射模式下，入射电子汇聚为针状电子束，称为会聚束（convergent beam electron），经上、下扫描线圈导向作用，在试样上扫描。在物镜之外的试样上方，设置检测器检测二次电子，在 CRT 上形成二次

电子像；将检测器前端的电压反向，可以检测背散射电子成像。在电子检测器的另一侧配置 Li(Si) 半导体检测器，以特定的取出角（take-off angle）检测特征 X 射线，按照点、线、面分析模式在 CRT 显示结果。经物镜折射的透射电子经过次级透镜逐级放大，在荧光板-投影镜的像平面上成像。当成 STEM 像时，荧光板移开，扫描-透射电子束经导向器（偏转线圈产生磁场）作用，进入 STEM 检测器逐点成像，在 CRT 上显示。停止 STEM 检测器工作，透射电子进入电子能量损失谱仪（Electron Energy Loss Spectroscopy，EELS）的扇形磁场，按不同能量发生偏转进入 EELS 检测器，独立显示元素-含量谱线，进行点、线元素分析或在 CRT 上显示能量过滤像。STEM 模式下，还可以实现纳米束衍射（nano beam electron diffraction，NBED）、会聚束衍射（convergent beam electron diffraction，CBED）以及应用菊池线的位向分析。

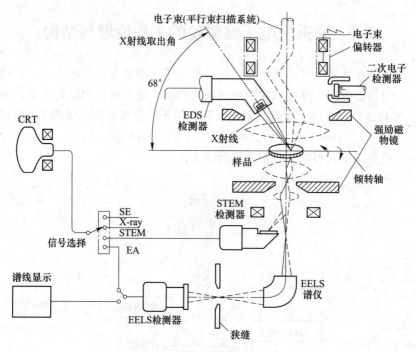

图 3-2　STEM 电镜电子光学系统的主要配置

3.2　STEM 的电子衍射

STEM 中应用场发射电子枪，电子束斑直径尺寸通常是 1nm 或者更小，因此，STEM 获得的衍射花样通常称为微衍射或纳米衍射花样。

3.2.1　纳米束衍射

纳米电子束衍射是把入射的平行电子束会聚成直径为纳米量级的电子束，对试样中选定区域作衍射分析，能给出单个纳米粒子完全衍射信息的技术，有效地避免选区电子衍射误差，可以获得来自粒子的不同位向的衍射花样，给出纳米粒子结构和形态的信息。纳米束衍射的光路图如图 3-3 所示，衍射时首先把电子束固定在选定的衍射位置，调整电子束会聚角，尽量用小的聚光镜光阑，使会聚半角 α 远小于布拉格角 θ_B，把第一中间镜的物平面同物镜的后焦面准确重合，再由投影镜逐级放大投射到荧光板上。

纳米电子衍射花样的标定在斑点比较小、同选区衍射斑点相当的情况下，标定方法同选区衍射花样相同。但是由于使用会聚束进行衍射，衍射斑点往往扩展成为衍射盘，在计算斑点对应的面间距时，应该考虑会聚角和衍射盘半径的影响。

图 3-4 是纳米束衍射花样，是加热条件下，具有 hcp 结构的变形 Ti 生成 fcc 结构 Ti 的 TEM 原位观察中得到的。花样中有两相斑点。较亮的斑点为 fcc 相，另一相较暗斑点为 hcp 相，两相的部分斑点有重叠。

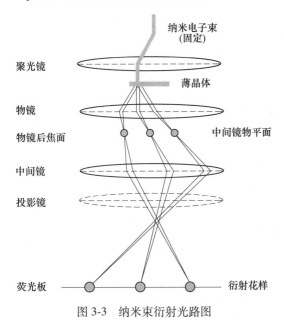

图 3-3　纳米束衍射光路图

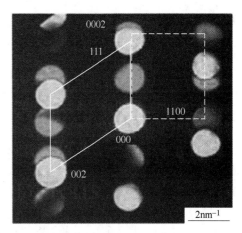

图 3-4　纳米束电子衍射花样

3.2.2　会聚束衍射

会聚束衍射原理与平行束相同，都是入射束同晶面之间的夹角等于布拉格角时，形成的平行束在物镜后焦面相交于一点，形成衍射花样。在倒空间描述同样是反射球同倒易点相交或倒易点在反射球上。

同平行束衍射的区别在于会聚束衍射斑点扩展形成透射盘和衍射盘。图 3-5 说明了平行束衍射和会聚束衍射的特征。图 3-5（a）为平行束入射得到衍射斑点，图 3-5（b）为会聚束入射，衍射斑点扩展为盘状。衍射盘的空间分布依赖于入射束的会聚角，STEM 可调整透镜参数改变汇聚角的大小。对于入射束会聚角 α 和晶体布拉格角 θ_B，可以有 $\alpha \ll \theta_B$、$\alpha < \theta_B$ 和 $\alpha > \theta_B$ 3 种状态，如图 3-6 所示。当 $\alpha \ll \theta_B$ 时，衍射电子形成略大于衍射斑点的衍射盘。随着 α 角的增加，衍射盘直径增加，当 $\alpha > \theta_B$ 时衍射盘相互叠加。工作中通过调整聚光镜电流按照不同需要得到 CBED 全图、透射盘或相切的透射盘和衍射盘，如图 3-7 所示。

衍射盘中分布有 HOLZ 线（higher order laue zone line），衍射盘之间则有高阶劳埃区的菊池线。调整第二聚光镜电流可以使高阶劳厄区的亮线聚焦明锐。

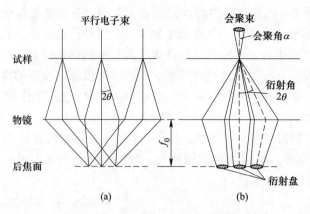

图 3-5　平行束和会聚束电子衍射

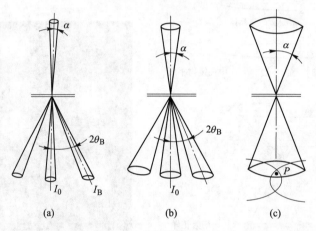

图 3-6　入射束会聚半角 α 和晶体布拉格角 θ_B 对衍射的影响

（a）$\alpha \ll \theta_B$；（b）$\alpha < \theta_B$；（c）$\alpha > \theta_B$

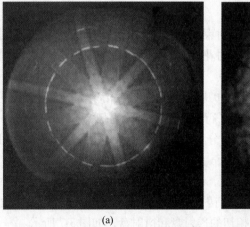

图 3-7　会聚束衍射花样

（a）CBED 全图；（b）相切的透射盘和衍射盘

3.2.2.1 会聚束衍射盘的形成

图 3-8 说明了在倒易空间会聚束衍射盘的形成。电子束在聚光镜作用下会聚形成锥状，可以看成由 N 多条入射电子线组成，每一条入射线的入射方向不同，其最大差异等于会聚角 α。

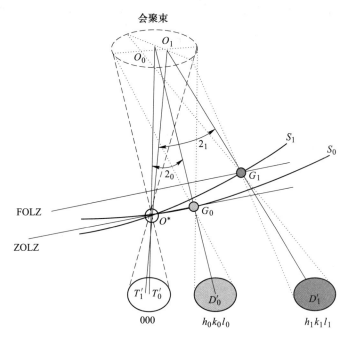

图 3-8 会聚束衍射盘的形成

设 O_0O^* 是会聚束的中心，通过倒易原点 O^*，沿原方向投射到 T_0 处。O_1O^* 是会聚束内的另一入射线，同 O_0O^* 偏离 $\Delta\alpha$ 角，通过 O^* 投射到 T_1 处。会聚束内的所有入射线都通过 O^* 投射，在倒空间形成透射盘 000。每一条入射线有对应的反射球 S，球半径均为 $1/\lambda$。O_0O^* 入射线的反射球 S_0，同零层倒易面上的倒易点 G_0 相交，符合布拉格条件形成衍射线；过同一倒易点 G_0 的全部衍射线按照会聚角发散，投射形成 $h_0k_0l_0$ 衍射盘。O_1O^* 入射线的反射球是 S_1，由于比 O_0O^* 入射线偏离了一个角度 $\Delta\alpha$，所以不同 0 层倒易面相交，而同一层倒易平面上的倒易点 G_1 相交，符合布拉格条件形成衍射线，过 G_1 点的全部衍射线形成衍射盘（$h_1k_1l_1$）。

过零层倒易点的衍射线形成的花样称为零阶劳埃区（zero order laue zone）衍射花样，简称 ZOLZ 花样，其衍射几何与平行束选区电子衍射完全一致。过高阶倒易平面上的倒易点的衍射线，在透射盘与衍射盘内常常形成一些称为 HOLZ 线的衍射花样。

3.2.2.2 HOLZ 线的形成

透射盘与衍射盘内 HOLZ 线通常由双束条件下的动力学进行说明。图 3-9 是（hkl）处于布拉格衍射位置、束会聚角为 $\Delta\theta$ 时，入射束 O_0O^*、反射球 S_0 及倒易矢量 $\boldsymbol{g}$ 的关系。入射束 O_0O^* 与晶面（hkl）的夹角为布拉格角，$\boldsymbol{g}$ 矢量的端点 G 在反射球 S_0 上，在透射束和衍射束到达透射盘、衍射盘的对应位置用 T_0 和 D_0 表示。当入射束向离开晶面的方向偏离 $\Delta\alpha$

角，使入射角大于 θ_B 沿 O_1O^* 入射时，倒易点 G 在反射球 S_1 的内侧，偏离矢量 $S>0$，在透射盘和衍射盘的对应位置用 T_1 和 D_1 表示。如果入射束向接近晶面的方向偏离，使入射角小于 θ_B 角，则对应 $S<0$ 的位置，在透射盘和衍射盘中的对应位置在 T_1 和 D_0 的右侧。如此在双束条件下的透射盘和衍射盘内都有随着偏离矢量连续变化的强度分布。透射盘中得到透射强度的分布，衍射盘中得到衍射强度的分布。双束条件下，衍射强度的动力学解是：

$$I_D = 1 - I_T = \left(\frac{\pi t}{\xi_g}\right)^2 \frac{\sin^2(\pi x)}{(\pi x)^2} \tag{3-1}$$

$$x = \frac{t}{\xi_g}\sqrt{1 + \omega^2}\quad \omega = s\xi_g$$

式中，ξ_g 为消光距离；t 为晶体厚度；s 为偏离矢量。

由式（3-1）看到，$\sin^2(\pi x)/(\pi x)^2$ 曲线的极大位置在 $x=0$，即 $t=0$ 处，随着 x 的增加，极小值依次出现在 $x=1$，2 等整数值处；极大值出现在 $x=1/2$，3/2，5/2 等处。

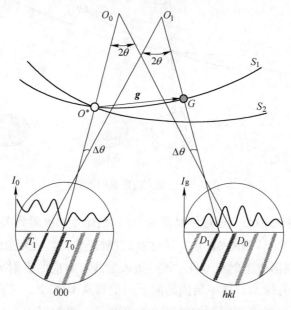

图 3-9　透射盘和衍射盘内强度分布和回摆曲线关系

如果会聚电子束的中心是图中的入射束 O_0O^*，入射条件满足布拉格方程，在透射盘和衍射盘的中心 T_0 和 D_0 对应 $\omega=0$ 的位置形成条纹，其明暗程度取决于 $x_0 = t/\xi_g$ 的值。通过透射盘和衍射盘中的明暗条纹，可以计算偏离矢量 s 和晶体点群等多种参数。

3.2.2.3　HOLZ 线指数标定

HOLZ 线的指数标定一般通过计算机程序进行，先由计算机给出有关的 HOLZ 线标准图，再和实验获得的图谱比对进行标定，如果需要，应该对标定结果进行验证，验证可以按照确定的步骤手工标定。依据标定的指数可以进行多项晶体参数分析。

指数标定可以按照以下步骤进行指数标定或验证。

（1）先标定 CBED 花样上高阶劳埃区衍射盘的指数。标定方法和普通选区衍射花样的指数标定相同。

（2）在一个高阶劳埃区衍射盘内观察找到最清晰明亮的 HOLZ 线，连接透射盘与该高阶劳埃区衍射盘的矢量即是这个衍射盘对应倒易矢量 g 在零层倒易面上的投影，指数为 hkl 的 HOLZ 线应和 g 的投影矢量相垂直。

图 3-10 给出一 fcc 晶体 [111] 晶带轴衍射图，$55\bar{9}$ 衍射是一个高阶劳埃区衍射盘，OP 是 $g_{55\bar{9}}$ 在零层倒易面的投影，在放大了的透射盘中可以见到指数为 $55\bar{9}$ 的 HOLZ 暗线，它和 $g_{55\bar{9}}$ 的投影 OP 相垂直。即确定了 $55\bar{9}$ 衍射的 HOLZ 线，同时在 $55\bar{9}$ 衍射盘内确定出一条和上述 HOLZ 暗线相平行的亮线。

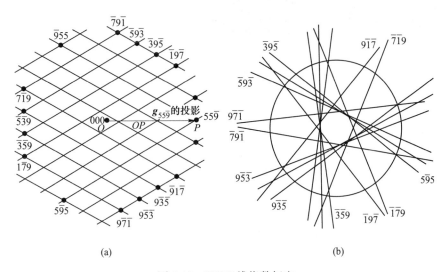

图 3-10　HOLZ 线指数标定

（a）fcc 晶体 [111] 晶带衍射花样，高阶劳厄带发生衍射；（b）[111] 晶带会聚束衍射的透射盘放大示意图

（盘内的 HOLZ 暗线已标定了指数，连接 000 和 FOLZ 衍射斑 hkl 的矢量垂直于给出的 HOLZ 线，如 $55\bar{9}$）

（3）重复上述方法，依次找出高阶劳埃区衍射盘各个 hkl 衍射对应的 HOLZ 暗线，直到将透射盘中的大多数 HOLZ 线都标定出来。

3.2.2.4　HOLZ 花样测定点阵常数

包含高阶劳埃区衍射的 CBED 花样反映了试样晶体的三维晶体学信息。因此，一个高阶劳埃区衍射花样往往可以确定试样晶体的晶面间距和点阵常数。而且在应用会聚束 HOLZ 衍射花样测定晶面间距时，不需要对高阶劳埃区的衍射盘一一进行指数标定，只需要确定衍射花样的晶带轴指数 [uvw] 和测量高阶劳埃区倒易面与爱瓦尔德球相交形成的圆环半径。在采用大角度会聚束衍射时，衍射盘互相重叠，这时高阶劳埃区衍射盘内的 HOLZ 亮线互相连接而形成一个清晰明锐的圆环（图 3-11）。图中圆环就是高阶劳埃区倒易面和 Ewald 球面的交线。如果选用比较小的衍射相机长度 L（例如 300mm 甚至更小）或者适当降低电镜的加速电压，便可以在荧光屏上观察到如图 3-11 所示的高阶劳埃区衍射环（加速电压 120kV，相机长度 $L=30$cm）。

应用 HOLZ 环测定晶面间距的基本原理可以由图 3-12 说明。

图中 G_1 是 [uvw] 晶带 1 层倒易面（FOLZ 倒易面）的倒易点，在照相底片上可以量

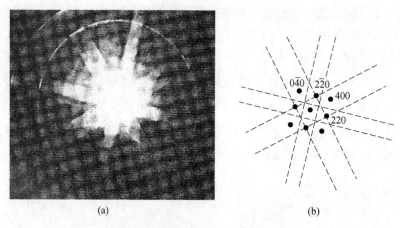

(a)   (b)

图 3-11 硅单晶 [001] 晶带轴衍射

（a）HOLZ 环；（b）指数标定

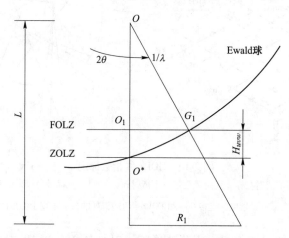

图 3-12 HOLZ 环测定晶面间距

出该高阶劳埃区 HOLZ 环的半径 R_1，若 $(uvw)^*$ 倒易面的面间距为 H_{uvw}，忽略不计 H_{uvw}^2，一阶劳厄区 HOLZ 亮环半径 G_1：

$$G_1 = \sqrt{2KH_{uvw}}$$

衍射的相机高度 L，有：

$$\frac{O_1G_1}{R_1} = \frac{K}{L} \tag{3-2}$$

$K = \dfrac{1}{\lambda}$，λ 为电子波长，所以试样晶体在垂直于入射束方向的倒易面 $(uvw)^*$ 的面间距近似为：

$$H_{uvw} = \frac{(O_1G_1)^2}{2K} = \frac{R_1^2}{2L^2\lambda} \tag{3-3}$$

如果已知晶体的晶带轴指数 uvw，根据各有关晶系的晶体学关系可以得到点阵常数。例如，对于立方系晶体有：

$$H_{uvw} = \frac{N}{a \left(u^2 + v^2 + w^2 \right)^{1/2}} \tag{3-4}$$

式中，N 为没有消光的上一层倒易面的层数。在 fcc 晶体的情况下，如果（$u+v+w$）为奇数，则 $N=1$；如果（$u+v+w$）为偶数，则 $N=2$。在更为一般的情况下，例如对于具有正交轴的晶体（亦即正交系、四方系或立方系），在不存在禁止衍射倒易面，即 $N=1$ 时，对于给定的晶带轴 [uvw]，有：

$$H_{uvw} = \frac{N}{a \left(a^2 u^2 + b^2 v^2 + c^2 w^2 \right)^{1/2}} \tag{3-5}$$

式中，a、b、c 为试样晶体的点阵常数。类似地，对六方系晶体，有：

$$H_{uvw} = \frac{N}{\left[a^2 \left(u^2 + v^2 - uv \right) + c^2 w^2 \right]^{1/2}} \tag{3-6}$$

式中，u、v、w 是米勒-布拉菲四指数的晶向指数。

在实际工作中，由于 HOLZ 环位于偏离光轴较大角度的方向上，透镜的像差（畸变）会对所测量的 R_1 值引入明显误差。对于未知试样进行测定时，应该使用一个已知点阵常数的标样进行标定，将标样的 HOLZ 环与未知试样的衍射花样进行比较以便更准确地测定 R_1 值和 H_{uvw} 值。

以图 3-10 所示的 CBED 花样为例，测定硅的（001）* 到易面间 d_{001}^*。由图中测量 CBED 花样上明亮清晰的高阶劳埃区衍射环直径为 64mm。因此半径 $R=32$mm。已知硅是立方系金刚石结构，其零层倒易面衍射斑点的指数标定如图 3-11（b）所示。呈四次对称的较宽菊池带是由 {400} 面形成的，其宽度和（400）衍射斑到中心斑的距离 R_{400} 相等。测量其宽度为 7.2mm。已知硅的点阵常数 $a=0.543$nm，因此（400）面间距：

$$d_{400} = \frac{a}{\sqrt{h^2 + k^2 + l^2}} = \frac{0.543\text{nm}}{\sqrt{16}} = 0.136\text{nm}$$

相机常数：

$$L\lambda = R_{400} d_{400} = 7.2\text{mm} \times 0.136\text{nm} = 0.977\text{mm} \cdot \text{nm}$$

120kV 加速电压下的电子波长：$\lambda = 3.35 \times 10^{-3}$nm，得：

$$L = 291.6\text{mm}$$

根据式（3-3），得到硅的晶格常数：

$$\frac{1}{d_{001}^*} = \frac{2L^2\lambda}{R^2} = 0.556\text{nm}$$

3.2.2.5 会聚束衍射的其他应用

会聚束电子衍射在材料与固体研究中有着重要地位，观察测量 HOLZ 线可以测定晶体中位错的柏格氏矢量 b；应用会聚束衍射花样还可以测量偏离矢量 s、消光距离 ξ、晶体厚度 t，会聚半角 α 等重要参数；特别是应用会聚束衍射可以获得晶体对称性的数据、测定几纳米尺寸的小晶体或沉淀相的点群与空间群。具体方法可以参阅相关文献。

3.3　STEM 散射电子的高角环形暗场像

在 STEM 模式下，聚焦电子束透过薄晶体试样，同试样原子相互作用发生弹性和非弹性散射。在电子束路径上，接收中心散射角小于 10mrads 区域内的散射电子成明场像。安装环状（annular）探测器，排除中心电子，只接收散射角增大的电子，可以成暗场像。环形检测器只接收高角度散射电子成暗场像，这种方法称为高角环形暗场像（high-angle annular dark-field，HAADF）。

3.3.1　Z 衬度像

图 3-13 是成散射电子像的 STEM 结构图。成像检测器安装在投影镜的像场空间，接收电子束逐点扫描透射的散射电子，放大处理后调制 CRT 成像。按照彭尼库克（Pennycook）等的理论，电子束透过晶体的散射角 θ_1、θ_2（图 3-14），其间的环状区域中散射电子的散射截面 $\sigma_{\theta_1,\theta_2}$ 可以用卢瑟夫散射强度从 θ_1 到 θ_2 的积分来表示：

$$\sigma_{\theta_1,\theta_2} = \left(\frac{m}{m_0}\right)\frac{Z^2}{4\pi^3}\frac{\lambda^2}{a_0^2}\left(\frac{1}{\theta_1^2+\theta_0^2}-\frac{1}{\theta_2^2+\theta_0^1}\right) \tag{3-7}$$

式中，m 为高速电子的质量；m_0 为电子的静止质量；Z 为原子序数；λ 为电子波长；a_0 为波尔半径；θ_0 为博恩特征散射角。

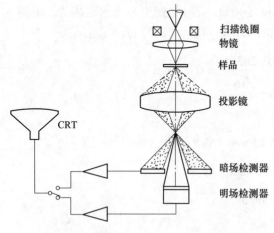

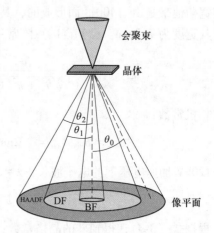

图 3-13　散射电子成像的 STEM 结构　　　　图 3-14　电子束的博恩特征散射角 θ_0

厚度为 t 的试样中，单位体积中的原子数为 N 时的散射强度 I_s 为：

$$I_s = \sigma_{\theta_1,\theta_2}NtI \tag{3-8}$$

根据式（3-7）、式（3-8）可以看出，HAADF 的强度与原子序的平方成正比，观察像发现，衬度与试样原子的原子序数有密切关系，因此，这种像称为 Z 衬度像（Z-contrast image），也称为 Z 平方像。这种像不是干涉产生的，它与高分辨像和 STEM 明场像中出现的相位衬度不同。Z 衬度像的解释很容易。如果试样的厚度一定，亮的衬度就表示为原子序数大的原子。图 3-15 中比较了相位衬度和 Z 衬度原理。相位衬度中，电子束以平行束入射，散射波按照相位叠加，通过离焦量调制，形成相位衬度像，图像中的像点是原子的势投影，暗点是原子序大的原子。而 HAADF 中电子束是会聚束，用散射电子成像，原子序数大的像点是亮的。比较图 3-15（a）和（b）的像衬度（image contrast）曲线，可以明显的看出这一特征。

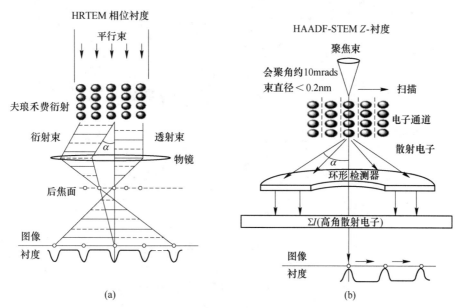

图 3-15　相位衬度和 Z 衬度原理
（a）相位衬度；（b）Z 衬度

3.3.2　HAADF 像特征与应用

相位衬度像受到离焦量和试样厚度的影响较大，图像的确定和解释复杂；其点分辨率同电子波长和物镜球差 C_s 相关，达到 0.2~0.3nm。比较相位衬度，HAADF 像在非相干条件下成像，具有正衬度传递函数，没有相位翻转问题，图像直接，解释容易。其点分辨率同获得信息的样品面积有关，一般接近电子束直径。目前场发射电子枪的电子束直径已经小于 1.3nm。图 3-16 是 Al72Ni20Co8 合金的相位衬度和 Z 衬度的比较。

HAADF 像的点分辨率已经达到小于 0.1nm 的水平。图 3-17 是金刚石［111］带轴的 HAADF 像和衬度轮廓线。电子束沿［111］带轴入射形成 HAADF 像，噪声较大但像点周期性清晰（图 3-17（a）），作出像点轮廓线，测量最近邻像点间距为 0.089nm（图 3-17（b））。

对 HAADF 像做傅氏变换得到衍射花样，标定花样并过滤噪声再做傅氏变换得到过滤像，如图 3-18 所示。可以清晰看到最近邻的两个原子，其间距为 0.089nm，与图 3-17 测量结果一致。

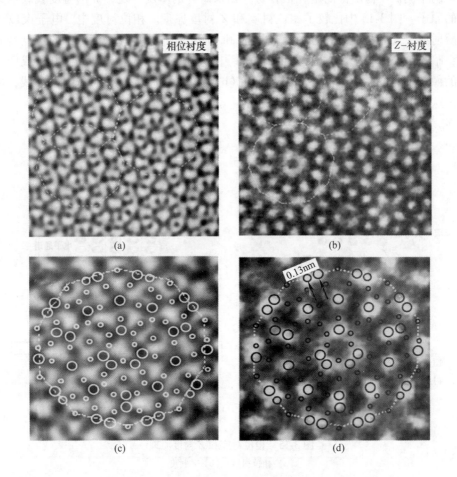

图 3-16　Al72Ni20Co8 合金的相位衬度和 Z 衬度

（a）相位衬度像；（b）Z 衬度像；（c）相位衬度像标注，原子是暗点；

（d）Z 衬度像标注，原子是亮点

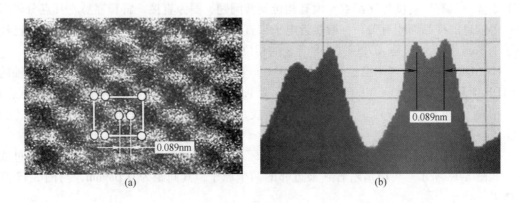

图 3-17　金刚石［111］带轴的 HAADF 像（a）和衬度轮廓线（b）

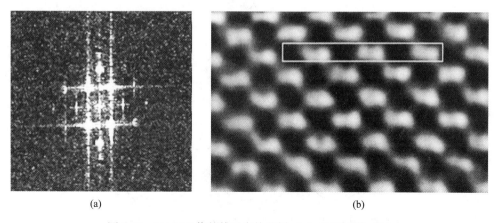

(a)　　　　　　　　　　　　　　　(b)

图 3-18　HAADF 像的傅氏变换花样（a）和过滤像（b）

3.4　STEM-EELS 分析

电子能量损失谱是分析电镜的一项微区元素分析技术。它通过测定透射过薄试样电子的能量损失情况来分析试样中的元素。特别是对低原子序数的元素灵敏度较高，和 X 射线能谱分析相比较具有独特的优点。EELS 不仅可以对试样进行化学成分的定性、定量分析，还能反映试样中有关电子结构和化学键的详细信息。

3.4.1　电子能量损失谱

能量为 E_0 的入射电子在试样中经受非弹性散射时伴随有特征的能量损失 ΔE，能量损失的大小因发生的具体物理过程而不同。这些非弹性散射过程包括声子激发：ΔE 为 0.02~1eV；试样原子的外层电子激发与价电子和导电电子集体振荡，称为等离子激发，能损 ΔE 为 1~50eV；原子内层电子电离：即 K、L 或 M 层电子被激发到 Fermi 面以上未占据的能态，能损 ΔE 约 13eV 以上；带间跃迁：约 10eV 以下；自由电子激发（放出二次电子），形成约 50eV 以下的背底。图 3-19 是入射电子与试样中原子相互作用示意图。

由于每一个非弹性散射过程都对应确定的能量损失值并具有一定的概率，因此可以得到电子强度随能量变化的关系，就是电子能量损失谱，图 3-20 是氧化铁的电子能量损失谱，谱图由零损失峰、低损失区和内层电子激发损失区 3 个部分组成。

3.4.1.1　零损失峰

由穿透试样的未散射电子（无任何有关试样化学成分讯息）、弹性散射电子和能量损失非常小的散射电子（如声子激发其相应能损为 0.02~1eV）构成，强度最高。由于电子枪发射的电子束本身有一定的能量分布以及加速电压波动造成的电子束能量波动，使入射电子束有一定的能量波动范围 ΔE_0，通常钨丝电子枪的 ΔE_0 为 1~2eV，LaB_6 电子枪的 ΔE_0 为 0.5~2eV，场发射枪的 ΔE_0 为 0.2~0.4eV。另一方面由于能损谱

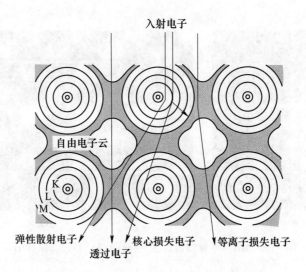

图 3-19   入射电子与试样原子相互作用

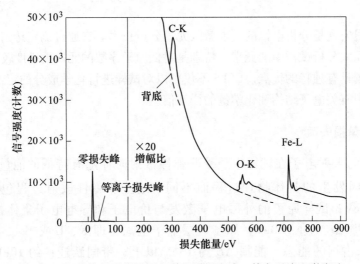

图 3-20   氧化铁电子能量损失谱的零损失峰、等离子峰和激发边

仪有一定的能量分辨率 σ_E，能量差小于该分辨率值的电子不能被谱仪区分。造成零损失峰的宽度大约为几个电子伏特。当电子的能损值小于这个峰宽时，便不能和未损失能量的透射电子区分开。

3.4.1.2   等离子损失区

等离子区又称低损失区，能量损失为 $5\sim50\text{eV}$。这一损失能量，是由于入射电子激发了试样中自由电子的集体振荡，或者使外层电子在价带和导带之间过渡所引起的。低损失区谱的峰形和能量值因试样不同而不同，它占有入射电子的很大一部分。

3.4.1.3   高能量损失区

能量损失在 50eV 以上的谱是高能损区，是由于入射电子使试样中的 K、L、M 等内层电子激发形成的。由于内层电子被激发的概率要比等离子激发概率小两、三个数量级，所以其强度很小。在强的零损失峰之后，整个谱的强度急剧下降到约五十分之一，在强度急剧下降的背底上呈现出一些小的凸起，如图 3-19 中能损约为 290eV、550eV 和 720eV 处，称为电离边（ionization edge），是入射电子使试样原子内层电子电离而形成的特征，提供了有关试样化学成分及电子态等讯息，是能损谱分析的主要研究对象。图中 3 个电离边分别是 O、C 的 K 层、Fe 的 L 层电子被入射激发，导致入射电子能量损失而形成的，称为碳的 K-边、氧的 K-边和铁的 L-边。氧和铁来自试样，C 来自试样支持膜中的碳原子。由于高损失区电子的强度低，因此在记录 EELS 谱时，将内层电离损失区的谱放大了 20 倍再和零损峰、等离子区一起显示出来。

3.4.2　电子能量损失谱仪

电子能量损失谱仪获得损失谱是使用均匀磁场对电子按能量色散进行的，有串行和并行两种检测方式。

3.4.2.1　工作原理

电子以速度 v 运动，入射到磁场强度为 B 的均匀磁场中，受到与运动方向垂直的洛伦兹力作圆周运动，圆的半径 R 由下式给出：

$$R = \frac{\beta_m m_0}{eB} v \tag{3-9}$$

$$\beta_m = \frac{1}{\sqrt{1 - \left(\dfrac{v}{c}\right)^2}} \tag{3-10}$$

式中，m_0 为电子的静止质量；c 为光速。

根据式（3-9），如果磁场强度一定时，电子的轨道半径 R 只依赖于电子的速度 v。具有各种速度的电子混在一起时，则对应于各种速度的电子的轨道半径 R 不同，这样，就可以对电子速度进行分析。

另一方面，电子的动能可以表述为：

$$E = (\beta_{m-1}) m_0 c^2 \tag{3-11}$$

电子的动能和电子的速度是对应的。所以，如果具有各种能量的电子入射到具有均匀磁场的谱仪（spectrometer）中，就可以将入射电子按能量展开。因而可以获知电子数目随其能量变化的状况，即是电子能谱，可以对试样中发生的各种能量损失的电子进行能量分析。

谱仪对电子按能量的分散作用与棱镜对光波按波长的分散作用是类似的，所以将谱仪称为磁棱镜。图 3-21 是谱仪和电子轨道的示意图。实线示出的是零损失的电子轨道，虚线示出有能量损失的电子轨道，它们分别聚焦在出射面上。入射电子轨道偏转的角度称为偏转角（ϕ），通常的商品仪器都采用 $\phi = 90°$。谱仪的光学特点是点光源入射，点光源称为谱仪的入射点，可以理解为透射电子显微镜投影镜（放大透镜的最后一级）后焦面上的交叉点。如果入射电子有一个能量宽度，成像点就变成一个能量色散面，谱在这个面上成像（图 3-21）。入射点的尺寸 d_0 越大，成像点的尺寸 d_0' 就越大，能量分辨率就越低。另外，如果入射到谱仪的电子张开角（γ）增大，谱仪的二次像差也增大，能量分辨率降低。

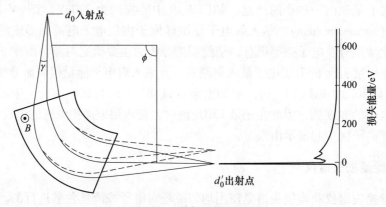

图 3-21　谱仪工作原理图

　　分析电镜中的 EELS 分析系统通常是在透射电镜镜筒的荧光屏后方安置一个电子能谱仪，使透过薄试样的电子束按其损失的能量展开成谱，在视频显示器上展现出电子束按能量损失大小的分布。应用分析系统的专用计算机程序对所得到的 EELS 谱进行处理和计算就可以达到定性、定量分析的目的。同时，在分析电镜中还可以和高分辨、高放大倍数的形貌像及微小区域的电子衍射分析互相结合起来。

　　电子能损谱仪主要类型有电子棱镜谱仪（electron-prism spectrometer）、减速场谱仪（retarding-field spectrometer）、Wien filter 过滤器等，在电镜中用的电子能量过滤装置是 Castaing-Henry 过滤器和 Ω 过滤器等。

3.4.2.2　串行和并行检测方式

　　检测损失谱一般采用闪烁体和光电倍增管（photo-multiplier）组合的检测器。对于谱仪的能量色散面上形成的能量损失谱，检测方式可以分成串行检测和并行检测两种。图 3-22 是电子显微镜中安装的串行检测器的示意图。谱仪安装在 TEM 成像的最终像面上，即在照相室下面。光电倍增管是一维探测器，能量选择狭缝位于能量色散面上，使谱仪的磁场强度按一定的速度扫描，能量轴移动。与此同时，将探测信号的强度分布沿纵轴作图，

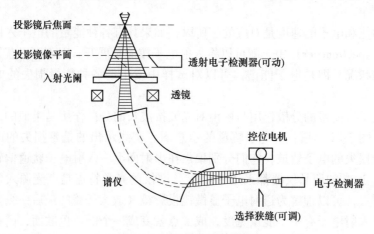

图 3-22　串行检测损失谱仪

就能得到能量损失谱。这种检测方式是使能量轴随时间顺序变化的，所以称为串行检测（serial detection）方式，检测效率较低。为了提高检测效率，在能量色散面上安装了并行检测器（parallel detector），并广泛使用了并行检测方式。

图 3-23 是并行检测方式的示意图。并行检测器是由连接有钇铝石榴石（YAG）晶体和纤维光导板的半导体并行探测元件以及光电二极管阵列（2048 通道），能同时读出各个通道的信号，与串行检测器相比，检测效率大幅度提高，但是由于检测器中使用了光电二极管，动态的范围变窄，因此强度高的零损失峰和低强度的等离子峰、激发边不能包含在一个谱中。

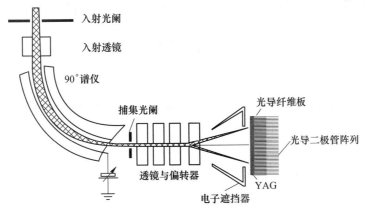

图 3-23 并行检测损失谱仪

3.4.2.3 损失谱仪的性能

A 能量分辨率

按一般惯例，将磁棱镜能损谱仪的分辨率 ΔE 定义为 EELS 谱上损失峰的半高宽（FWHM），如图 3-24 所示。限制谱仪能量分辨率的因素有：电子枪发射电子束的能量散布及加速电压波动引起的入射电子能量波动 ΔE_0，入射电子的能量 E_0，能损谱仪接收狭缝的宽度 S；谱仪棱镜的像差；能损谱仪入口对试样所张的接收半角 β 等。

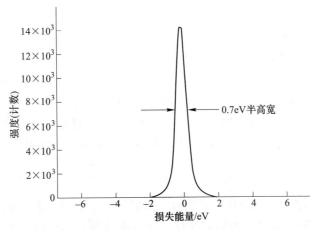

图 3-24 零损失峰的半高宽

能谱仪的核心性能指标是能量分辨率。对于磁棱镜型 EELS 谱仪的能量分辨率可表达为 $\delta_E = \pi\beta^2 E_0$，这里 E_0 是入射电子束能量，β 是能损谱的接收孔径半角。如果在试样和能谱仪物面之间还有透镜，该透镜的放大倍数为 M，则：

$$\delta_E = \pi\beta^2 E_0 / M^2 \tag{3-12}$$

因此，降低入射束电子的能量和缩小接收孔径半角 β 都可使谱仪的能量分辨率改善。但是，采用大的 β 角可以提高接收效率、改善 EELS 谱的信噪比，而提高入射电子束能量 E_0 可改善分析的空间分辨率。同时，由于电子在试样中的总平均自由程和电子束能量 E_0 成比例，应用较高的入射束能量可以适当放宽对试样厚度的限制。

扇形磁棱镜能损谱仪的分辨率 δ_E 和接收狭缝的宽度 S 成比例：

$$\delta_E = \frac{S}{D} \tag{3-13}$$

其中：

$$D = \frac{2R}{E_0}$$

式中，R 为电子在磁棱镜谱仪中运动轨迹的曲率半径。对于给定的电子束能量 E_0 和半径 R，减小狭缝宽度 S 可以提高能量分辨率。但同时会使计数率下降，可根据分析目的确定最佳宽度 S。

扇形磁棱镜和任何透镜一样存在着像差。考虑到像差对分辨率的限制，前面的分辨率表达式 $\delta_E = \pi\beta^2 E_0$，改变为实际分辨率：

$$\delta_E = C\pi\beta^2 E_0 / 2R \tag{3-14}$$

式中，C 为磁棱镜的像差系数。

对于能量分辨率的要求，需根据试样情况和研究目的决定。由于入射到试样上的电流有限，过高的分辨率会导致收集的信号强度下降，实际工作中获得最佳信噪比往往比获得最高分辨率更为重要，通常 $1 \sim 2\text{eV}$ 的能量分辨率已满足分辨能损谱的大多数细结构和低损失结构。

对于加速电压 200kV 级的 TEM，谱仪的能量分辨率是 $1 \sim 2\text{eV}$。图 3-24 是 200kV 时，用场发射电子枪得到的零损失峰的强度分布，半高宽 0.7eV。目前，将单色器与谱仪组合起来的分析电子显微镜，实现了零损失峰的半高宽小于 0.1eV 的高能量分辨率。

B　空间分辨率

EELS 的另外一个重要性能指标是空间分辨率，可定义为电子束在试样中的扩展加上电子束自身的尺寸。在 EELS 分析中，只有进入由谱仪接收孔径半角 β 所定义的圆锥内的电子才对信号采集有贡献。因此，假定接收孔径半角为 β（mrad），试样厚度为 t，则分析的空间分辨率不低于 βt。在实际工作中，应用的空间分辨率是由在一个 EELS 谱上获得有意义的信噪比的条件下，可以使用的最小电子束尺寸，这时电子束包含有足够的电流。对于普通的钨丝电子枪，可达到的实际空间分辨率约为 10nm，场发射电子枪可达到几纳米。

3.4.3　EELS 分析

电镜以扫描透射方式（STEM）工作时，STEM 单元的 CRT 上呈现试样的放大像，而在 TEM 荧光屏上出现的是静止的衍射花样，这时能量损失谱仪的物平面是和投影镜后焦平面上试样的二次像相耦合的。分析电镜主机的电子光学系统处于扫描透射工作状态，入射电子束在试样表面被会聚成直径很小的探针束或扫描或静止。在 TEM/STEM 扫描附件的 CRT 屏上，可以观察到试样被分析区的扫描透射明场或暗场形貌像。这时在扫描附件的"点扫描"模式下，将入射电子束移动到试样待分析的"点"或小区上，即可开始采集 EELS 谱。在电镜中利用 EELS 谱进行电子结构研究时，可以和试样的图像、微区电子衍射相结合，实现形貌、结构和元素的统一分析。

3.4.3.1 等离子损失峰分析

等离子损失峰（Plasmon 峰，能量损失在 1~100eV 范围内）主要是由导电电子或价电子的集体振荡造成的，其能损值的大小与材料中价电子密度密切相关，是材料的特征量。由于所有能给出确定等离子峰的材料，其比值都位于一个狭窄的能量范围内（15~25eV），仅仅简单地测定等离子峰的能损 E_p 值，还不足以完全鉴别一个元素是否存在。但是当合金中成分改变时，试样中的电子密度 n 发生变化而使 E_p 改变，因此在 EELS 谱上测量某一元素等离子峰的位移可以研究试样中化学成分的变化。

3.4.3.2 元素的定性分析

EELS 内层电离损失峰分析主要用于分析材料微区化学成分，可以进行定性和定量分析。定性分析是根据 EELS 谱上出现电离边的能量损失值和电离边的特征形状，判断出它们分别是哪些元素的、哪个电子层被电离而产生的，从而初步分析出试样中存在的化学元素种类。同 X-EDS 分析特征 X 射线峰具有高斯峰形相比较，EELS 谱上内层电离边的形状是变化的。目前已经有定性分析时参考的标准图形。一般说来，K 层电子电离边（K-edge）具有特征的三角形，其最大强度出现在电离能 E_k 处，然后以一定规律衰减。而 $L_{2,3}$ 电离边在电离能 E_k 处强度较小，其强度极大值出现在 E_k 之后 30~60eV 的位置，随后有规律地下降。其他经常可见的主要电离边有 $M_{2,3}$、$N_{4,5}$ 等，其形状和 $L_{2,3}$ 相似，但强度极大值距电离能 E_k 更远，而在电离能 E_k 处的强度更小。K 层、$L_{2,3}$ 层和 $M_{2,3}$ 层电离边的特征形状示意图如图 3-25 所示。

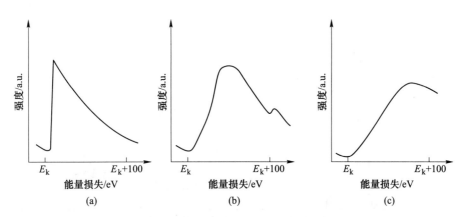

图 3-25　EELS 谱 K 层、$L_{2,3}$ 层和 $M_{2,3}$ 层电离边特征形状示意图

（a）K 层电离边；（b）$L_{2,3}$ 层电离边；（c）$M_{2,3}$ 层电离边

表 3-1 给出了一些元素的主要临界电离能值，将这些数值和实验得到的 EELS 谱相比较可以判断出试样中存在的元素种类。

表 3-1 元素电离边能量

元素	激发边	能量/eV	元素	激发边	能量/eV
B	K	188.0	K	$L_{2,3}$	293.6
C	K	283.8	Ca	$L_{2,3}$	346.4
N	K	401.6	Ti	$L_{2,3}$	455.5
O	K	532	V	$L_{2,3}$	513
F	K	685	Cr	$L_{2,3}$	574
Ne	K	867	Mn	$L_{2,3}$	640
Na	K	1072	Fe	$L_{2,3}$	708
Mg	K	1305	Ni	$L_{2,3}$	854
Al	K	1560	Cu	$L_{2,3}$	931
	$L_{2,3}$	73.1	Zn	$L_{2,3}$	1020
Si	K	1839	Nb	$L_{2,3}$	2370
	$L_{2,3}$	99.2		$M_{4,5}$	204.6
P	$L_{2,3}$	132.2	Mo	$L_{2,3}$	2520
S	$L_{2,3}$	164.8		$M_{4,5}$	227.0
Cl	$L_{2,3}$	200.0	Ag	$M_{4,5}$	366.7

注：能量误差范围为 $-2\sim+7$eV。

3.4.3.3 元素的定量分析

依据电离边确定了元素类型后可以进一步进行定量分析。图 3-26 是一个示意的 EELS 谱。图中 E_K^A 是第一个元素 A 的 K 层电离能量损失；E_K^B 是第二个元素 B 的 K 电离边的能量损失；Δ 是对电离边进行强度积分的能量范围；β 是能损谱采集时的接收孔径半角；$E_K^A(\beta,\Delta)$ 和 $E_K^B(\beta,\Delta)$ 分别为元素 A 与 B 的 K 电离边积分强度（已扣除背底）。

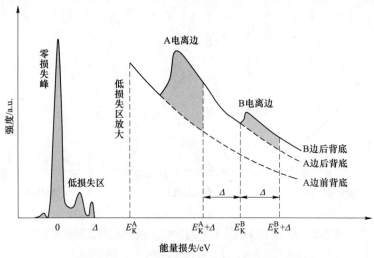

图 3-26 A、B 元素的电离边及其背底

假设试样中含有元素 A，因激发 A 元素原子的 K 层电离，部分入射电子损失了能量

ΔE_K^A，在 EELS 谱上呈现出电离损失边（A），定量分析首先扣除背景。常用的背底模型经验公式为：

$$I_b = A \cdot E^{-r} \tag{3-15}$$

式中，I_b 为能损为 E 处的背底强度；A 与 r 为对于一个给定拟合区采用的常数，r 值在 $2\sim5$ 之间。在确定背底拟合函数之后，通常在电离边前方 $50\sim100\mathrm{eV}$ 范围内进行拟合，计算机程序将该拟合外延到电离边下面一个相近的能量区间 Δ 内，扣除背底并最终在这个 Δ 区间内对电离边积分求其强度 $I_K^A(\beta,\Delta)$。试样中对这个电离边有贡献的相应元素原子数目 N_A 可由下式计算：

$$N_A = \frac{I_K^A(\beta,\Delta)}{I_0(\beta,\Delta)\delta_K^A(\beta,\Delta)} \tag{3-16}$$

式中，$I_0(\beta,\Delta)$ 为同一 EELS 谱在同样大小能量积分区间 Δ 得到的零损失及低能损失电子强度。$\sigma_K^A(\beta,\Delta)$ 是 A 元素原子 K 层电离对于接收角 β 和能量损失范围 A 的部分散射截面。

在试样含有 A、B 两种元素的情况下，对于同样大小能量窗口 Δ 求得的 A、B 两种元素的电离边强度分别为 $I_K^A(\beta,\Delta)$ 和 $I_K^B(\beta,\Delta)$，应用比例法按下式可以求得这两种元素在试样中的含量比：

$$\frac{N_A}{N_B} = \frac{\sigma_K^R(\beta,\Delta)}{\sigma_K^A(\beta,\Delta)} \frac{I_K^A(\beta,\Delta)}{I_K^B(\beta,\Delta)} = K_{AB} \frac{I_K^A(\beta,\Delta)}{I_K^B(\beta,\Delta)}$$

试样的成分（原子数分数）：

$$C_A = \frac{N_A}{N_A + N_B} \times 100\% \tag{3-17}$$

$$C_B = \frac{N_B}{N_A + N_B} \times 100\% \tag{3-18}$$

如果试样由 3 种以上元素组成，原则上可以外推得到。

EELS 分析的空间分辨率很高，但灵敏度受 E_0、β、α，尤其是试样厚度 t 的影响，使对微量元素的分析受到较大限制。

3.4.3.4 电离边结构分析

在内层电子激发谱中，K 边以及过渡族金属的 L 边，含有未占有状态密度等有关电子状态的信息。前者是关于 1s→2p 跃迁的电子能量损失谱，而后者是关于 2p→3d 跃迁形成的。从激发边升起点到约 50eV 的范围是强烈地反映未占有态密度的区域，称为能量损失近边结构（energy-loss near-edge structure，ELNES）。高于激发边 50eV 以上的高能区域反映了这种激发的原子周围环境的情况，即原子间距等信息，称为扩展能量损失精细结构（extent energy-loss fine structure，EXELFS），如图 3-27 所示。精细结构一般在分辨率优于 $5\sim10\mathrm{eV}$ 又有足够信噪比

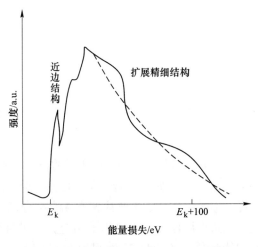

图 3-27 激发边的近边结构和扩展精细结构

条件下出现，在电离边前方的是所谓近边精细结构（near edge fine structure，NEFS）；在电离边后方的是 EXELFS，它和 X 射线吸收谱中的 EXAFS 效应相似。研究这种细结构可以获得有关试样中原子价键和配位的信息。

3.4.4 STEM-EELS 应用

3.4.4.1 碳的同素异质体分析

图 3-28（c）是对金刚石、石墨、非晶碳测量得到的 EELS 谱，3 条谱线激发边的近边结构显著不同，但都包含有 π^* 边和 σ^* 边，这是 C 原子 1s 电子向各未占有导带 π^* 和 σ^* 激发的边，表明 3 种材料尽管是同一种元素但是其原子结合键并不相同。金刚石具有图 3-28（a）所示的金刚石型晶体结构，一个碳（C）原子与 σ^*、π^* 周围的 4 个 C 原子结合（4 配位），这时的 C—C 原子之间结合键为 σ 键。如果用 EELS 分析金刚石，能够在 291eV 处观察到对应于 σ 键的 σ^* 边。

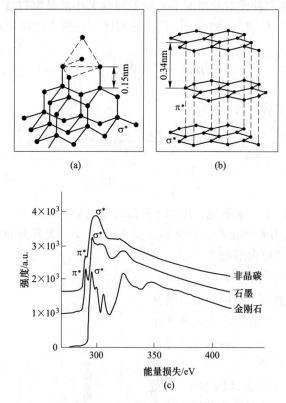

图 3-28 碳和金刚石的结构与损失谱

（a）金刚石结构；（b）石墨结构；（c）EELS 谱

石墨具有如图 3-28（b）所示的石墨型晶体结构（六边形层状结构），C 原子与同一层面上的 3 个 C 原子结合（3 配位），这时的 C—C 键也是 σ 键，结合能与金刚石 σ 键的一样。但是，碳原子本来应该有 4 个结合键，对于 3 配位来说，还剩余一个结合键，这个键与六边形层面外的相邻原子结合，这种键称为 π 键。因此，在分析石墨时，在 K 边升起的能量位置在 284eV 处观察到对应于 π 键的 π^* 边。还可以在 291eV 处观察到 σ^*

边（图 3-28（c））。对于非晶碳，在 π^* 的位置处，可以测量到很小的峰，可见它只含有少量的 3 配位微晶；它的 σ^* 能量位置的峰很宽，表明 σ 键的原子间距不是固定值。另外，对于金刚石，通过测量 π^* 的谱，可以确认在其晶界和晶格缺陷等处，存在局域的 3 配位结合的 C 原子。

3.4.4.2 过渡族金属的白线分析

一般来说，在过渡族金属中 d 轨道的一部分是空着的。在内层电子激发谱中可以看到，对应于满足选择规则的 p→d 跃迁的明锐峰，通常称为白线（white line）。从白线强度的测量值，可以估算 d 轨道中的电子占有率。图 3-29 给出利用 EELS 探测相变引起的电子态微小变化的例子。

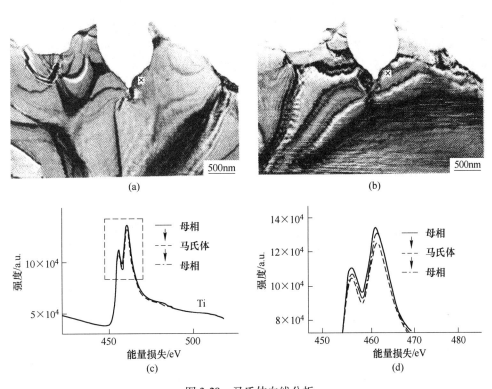

图 3-29 马氏体白线分析

（a）母相 TEM 像；（b）马氏体 TEM 像；（c）相变过程的 EELS 谱；（d）图（c）的局域放大

图 3-29 是 $Ti_{50}Ni_{48}Fe_2$ 合金组织的 TEM 像和 EELS 谱。图 3-29（a）是母相，选择"×"位置测量 EELS 谱；试样温度降低至 M_s 以下，组织发生相变形成孪晶马氏体，如图 3-29（b）所示，在同一位置测量 EELS；又回复温度到 M_s 以上，在同一位置测量 EELS 谱，得到 Ti 的 $L_{2,3}$ 3 条谱线示于图 3-29（c），图 3-29（d）是谱线的局部放大。可以看出伴随 $Ti_{50}Ni_{48}Fe_2$ 合金的母相向马氏体相转变，Ti 和 Ni 的内层电子激发谱的变化。

图中 $L_{2,3}$ 表示对应于 $L_2(2p^{1/2} \rightarrow 3d)$ 和 $L_3(2p^{3/2} \rightarrow 3d)$ 跃迁的白线。对于这些 $L_{2,3}$ 边的谱，测定的总是从 2p 向空的 3d 跃迁的概率。马氏体相变后，Ti 的 $L_{2,3}$ 边的强度稍有减少。再回到室温测量母相的 Ti 边，强度仍然高于马氏体相。由此可以得出结论：伴随相变，Ti

的 3d 的未占有状态密度减小。同时测量 Ni 的 3d 的未占有状态密度随相变增加。

3.4.4.3　电子结构研究

入射电子与试样原子的相互作用过程不仅有能量的传递而且还有动量的传递，所传递的能量与动量之比通常取决于试样原子的电子结构。一个 EELS 谱实际上是试样电子结构的描述。能提供电子结构信息的细结构大部分呈现在低能损失区。

图 3-30 是具有巨磁阻（colossal magneto resistance）效应的锰氧化物（Bi,Ca）MnO$_3$的 EELS 谱，显示出不同 Bi-Ca 含量和发生相变时，氧 K 层电子激发（1s→2p）的变化。可以认为，对于这种氧化物系，用 Ca 置换 La 时导入的空位主要进入 Mn 的 3d 轨道。但是，由于这个轨道与氧的 2p 轨道杂化，氧的 K 层电子激发谱上，在约 527eV 处，看到在 $X_0 = 0.75$ 时（图 3-30（a）），氧 K 边强度低于 $4×10^3$（计数）；当 $X_0 = 0.95$，氧 K 边已经高于 $4×10^3$（图 3-30（b）），明显地反映了氧的 2p 轨道空位的状态密度增加。图 3-30（c）显示相变后氧 K 边的强度降低，这可以解释为，伴随低温相中 Mn^{3+} 和 Mn^{4+} 的有序化（charge ordering），晶格发生畸变，Mn 3d 和 O 2p 杂化变弱，Mn 的 3d 空位进入 O 2p 轨道概率降低，O 的 1s-2p 减少所致。

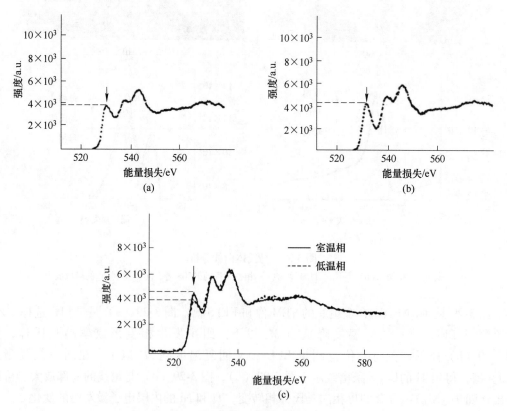

图 3-30　电子结构的 EELS 分析

（a）（Bi,Ca）MnO$_3$的 EELS 谱，$X_0 = 0.75$；（b）（Bi,Ca）MnO$_3$的 EELS 谱，$X_0 = 0.95$；

（c）（Bi,Ca）MnO$_3$的 EELS 谱，室温相和低温相比较

3.5　能量过滤像

应用电子能量损失谱仪，使能量分析器的电磁场保持在某个给定值，只接收具有一定能损值的电子成像，用所接收的具有给定能量损失值的电子信号调制 STEM 的显示单元 CRT 的亮度，可在显示器上得到相应的能量损失像称为能量过滤像。目前应用最为普遍的是利用元素的内层电离损失得到的元素面分布图，图上亮度大的区域表明该区中元素含量高。另一类能量过滤像是仅用弹性散射电子（即能量零损失电子，一般 $\Delta E = \pm 5\mathrm{eV}$）成像，从而将通常衍衬图像中有能量损失的非弹性散射电子滤掉，排除色差的影响，改善了图像分辨率。此外，在进行电子衍射分析时，仅用零损失电子获得的衍射花样的衬度明显得到改善，能获得更多的晶体学信息。

3.5.1　能量过滤器

在电子显微镜上得到能量过滤像，需要安装特殊设计的能量过滤器。当前 STEM 中安装的能量过滤器，大致可以分为两类。一类是装入电子显微镜镜体中的（柱体中，in-column 方式）能量过滤器，如：欧米伽（Ω）能量过滤器。另一类是在电子显微镜荧光屏下面安装的（柱体下，post-column 方式），即通常使用的扇形谱仪。两种分析器都是在监视器上显示出能谱，用狭缝选择能量损失特定的电子获得电子显微像、元素像和电子衍射花样。

3.5.1.1　欧米伽（Ω）能量过滤器

欧米伽型能量过滤器结构如图 3-31（a）所示，由 4 个扇形谱仪构成，设置在中间镜和投影镜之间。电子运动的轨道形成一个希腊字母"Ω"形，因此称为欧米伽型能量过滤

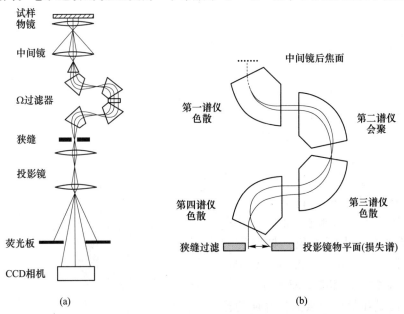

(a)　　　　　　　　　　　　　　(b)

图 3-31　欧米伽过滤器

（a）在中间镜和投影镜之间；（b）谱仪"Ω"形排列

器。电子轨迹如图 3-31（b）所示，电子束从中间镜入射到第一个谱仪按能量色散，进入第二个谱仪会聚，第三个谱仪能量色散，在第四个谱仪内使电子产生很大的能量色散。将谱仪后面投影镜的物平面调到能量色散面上，就能够观察到能量损失谱；用投影镜对无色散像聚焦，就能观察到电子显微像；在能量色散面上插入狭缝，就可以观察到能量过滤像。作为记录系统，除慢扫描 CCD 摄像机外，也可以使用成像板。

3.5.1.2　扇形能量过滤器

扇形能量过滤器结构如图 3-32 所示。这种谱仪安装在透射电子显微镜的照相室下方，电子束经过磁场偏转发生色散，将能量选择狭缝设置在能量色散面上，选择特定能量的电子，经过闪烁体的光电转换，放大后进行多道分析和存储，可以按照需要形成过滤像和谱线。

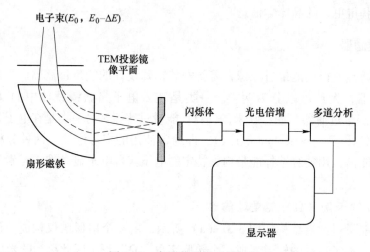

图 3-32　扇形能量过滤器结构

3.5.2　能量过滤的应用

3.5.2.1　零损失像和元素过滤像

元素过滤像是 EELS 的元素面分布，是通过只选择特定能量的电子形成电子显微像的方式来实现的。薄晶体在 STEM 模式下，EELS 信号激发点的尺寸与电子束直径相当，所以这种元素面分布具有高分辨率，一般称为 element mapping。由于激发边的强度很高，在用能量过滤方法获得元素分布图像时，为了避免试样厚度的影响，通常用三窗口法（3-window methods）去除背底，如图 3-33 所示。

三窗口法是在紧靠元素信号峰前的背底能量位置摄取两个过滤像，在边后位置

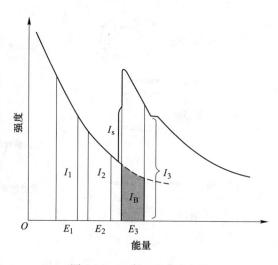

图 3-33　三窗口法背底扣除

摄取一个过滤像，依据元素实际信号强度拟合背底的强度 I_B（式（3-15））计算出背底参数 A 和 r，外推到激发边后面位置 E_s 处的背底强度分布 $I_s(x,y)$，可以达到真实定量的元素含量，形成的像就是元素的过滤像，反映出元素的面分布。图 3-34 为 BCN 纳米管的过滤像。

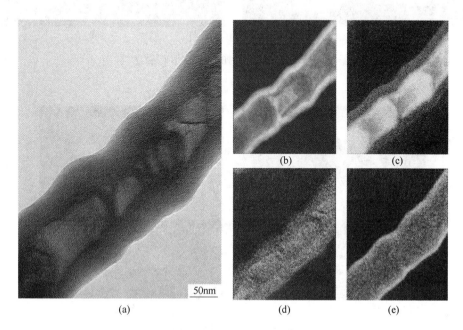

图 3-34　BCN 纳米管的过滤像
（a）零损失像，$\Delta E = \pm 5\text{eV}$；（b）B 元素像；（c）C 元素像；
（d）N 元素像；（e）O 元素像

3.5.2.2　会聚束电子衍射花样过滤

由于等离子散射会在透射束和基体晶格反射周围形成很强的背底，要准确测量会聚束电子衍射花样的强度，应该拍摄低背底的，并只由弹性散射电子形成的衍射花样。图 3-35 是能量过滤方法在氧化铁（$\alpha\text{-Fe}_2\text{O}_3$）的衍射花样中应用的例子。使用了欧米伽过滤器，选用能量宽度为 20eV 的狭缝，得到只由弹性散射电子形成的电子衍射花样，可以清晰地观察到在双光束条件下透射盘和衍射盘中的亮、暗带，能准确地确定极大和极小强度的位置，可以高精度地测定试样的厚度，以及获得晶体结构的定量信息。

3.5.2.3　电子衍射中的漫散射过滤

在图 3-36 中，示出材料 $\text{Al}_{0.48}\text{In}_{0.52}\text{As}$ 的电子衍射花样和它的强度分布。图 3-36（a）是未经能量过滤的，在常温下拍摄的电子衍射花样。图 3-36（b）是在 107K 下拍摄，经能量过滤只由能量损失为（$-5\text{eV} < \Delta E < 5\text{eV}$）的弹性散射电子形成的电子衍射花样，有效地除去透射束周围等离子散射引起的背底和热漫散射，能够很好地测量构成元素有序排列造成的弱漫散射斑点，可以准确地确定漫散射峰的位置和强度。

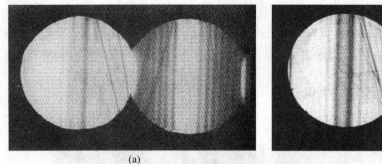
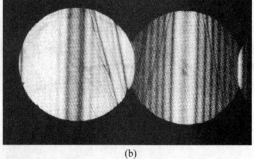

(a)   (b)

图 3-35   会聚束衍射的透射盘和衍射盘
（a）未过滤；（b）已过滤

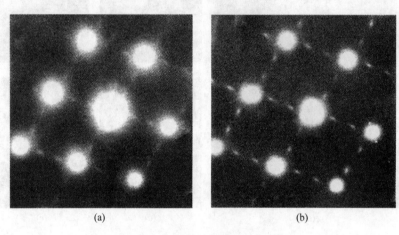

(a)   (b)

图 3-36   电子衍射花样中的漫散射
（a）未过滤；（b）已过滤

思 考 题

3-1 概念理解：

STEM-EELS 分析；会聚束衍射；纳米束衍射；电子能量损失谱；Z 衬度像；K 激发边；白线分析；损失谱能量分辨率。

3-2 用倒易点阵概念说明会聚束衍射盘和透射盘的形成。

3-3 HOLZ 线形成动力学说明。

3-4 电子显微分析中有结构过滤像和能量过滤像，试述二者的区别和应用。

3-5 比较相位衬度和 Z 衬度原子像的特征。

3-6 总结在 EELS 分析中，K 电离边、$L_{2,3}$ 边、$M_{2,3}$ 边和 $N_{4,5}$ 边的形状及能量特征。

3-7 用 HAADF-STEM-EELS 分析沉积在 HOPG（热解石墨）上的 Pt（Diamond & Related Materials，2020，101），得到如图 3-37 所示的结果。

试说明：

（1）图 3-37（c）和图 3-37（d）中谱线是何种元素？

（2）图 3-37（c）中低损失区和图 3-37（d）中高损失区是 EELS 谱中的哪一种峰位？各是如何形成的？

（3）元素分析有点分析、线扫描和面分布 3 种基本模式，这里采用的是何种模式？

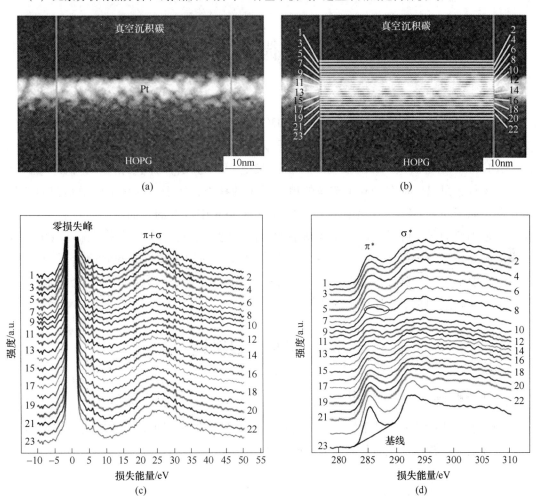

图 3-37 题 3-7 图

（a）HAADF-STEM 像（显示真空沉积碳、Pt 和 HOPG 衬底的横截面，两竖线之间为 EELS 分析区）；

（b）EELS 分析薄片区的编号；（c）图（b）中各薄片区在低能损区的 EELS 谱；

（d）图（b）中各薄片区在高能损区的 EELS 谱

4 场离子显微镜和三维原子探针

场离子显微镜（field lon microscope，FIM）和原子探针（atom probe，AP），是实现了对单个原子进行观察和分析的仪器。场离子显微镜可以直接观察到金属与半导体表面单个原子，1951 年由德国人 Muller 发明。1967 年又把 FIM 与飞行时间质谱仪结合在一起，构成原子探针，可以鉴别在 FIM 上成像的单个原子的种类，实现了观察金属微结构的同时，进行单个原子识别。FIM-AP 不但可以研究试样在 FIM 中成像的表面层，而且利用场蒸发技术逐层剥离原子，可以获得微相或缺陷的图像。近年来发展的三维原子探针（three-dimensional atomic probe，3DAP），把探测到的每个原子的种类和位置同时记录下来，从而在原子尺度上建立起被分析试样成分分布的三维图像，适合于研究尺度为一个原子到几十纳米的晶体缺陷和相变初期析出的超细相。

4.1 场离子显微镜

4.1.1 成像原理与一般结构

场离子显微镜的成像基于气体分子的场电离物理学原理，即在电场中，气体原子成为正离子被正电场排斥，飞向荧光屏上形成衬度，不同的气体给出最佳成像衬度的电场强度不同。

4.1.1.1 成像气体的场电离

场离子显微镜是通过针尖试样表面的气体场电离（field ionization）实现成像的。所谓场电离，是在强电场作用下，紧靠金属表面的气体原子通过量子隧道效应，失去电子变为正离子的现象。

外场的存在使气体原子外层电子的势阱不再对称，向金属方向的势垒要低于向自由空间方向，电子有更大的可能通过隧道效应，穿过窄的势垒进入金属能带中的空能级。当气体原子逐渐接近金属表面时，势垒变窄，隧穿概率增加。实际上只有电场强度足够大，气体原子距金属足够近，使位垒宽度减少到可以和原子中电子的德布洛意波长相比拟时，隧道效应才比较明显。

FIM 成像时真空室中通入少量成像气体，一般为惰性气体氖或氦，使真空度降低到 10^{-3}Pa 左右，此时试样尖端的局部电场强度高达 $30\sim50$V/nm，该强电场使试样附近的成像气体原子极化，并把它们吸引向试样表面。极化的气体原子碰撞到被冷却至 100K 以下的试样表面，把部分动能传递给试样，若动能损失足够大，则被俘获在高电场区。气体原子在针尖表面作连续非弹性碰撞，最后离针尖表面约 0.4nm 处，气体原子的一个电子通过量子隧道效应进入试样，成像气体原子变为正离子，此过程称场电离，如图4-1所示。这些正离子被试样上的正电场排斥，开始时沿表面法线方向，向轴弯曲并飞向通道板，经通道板放大后（增益 $10^3 \sim 10^4$）在荧光屏上形成亮点。

4.1.1.2 最佳成像电场强度

场离子显微镜中一个重要概念是最佳成像电场强度（BIF）或最佳成像电压（BIV）。对给定的成像气体，BIF是得到最佳成像衬度的电场强度。对于给定曲率半径的试样，该电场度对应于一个特定的电压，称之为最佳成像电压。电压过低，针尖上的电场强度不足以产生足够的离子流，图像很暗；电压太高，针尖表面各处均匀电离，使图像衬度下降。像衬度的产生是由试样表面各点场电离速率不同造成的。最佳成像电压可用眼睛观察荧光屏的简单方法来获得，误差不超过 $\pm(1\% \sim 2\%)$。惰性气体和氢的最佳成像电场强度见表4-1。

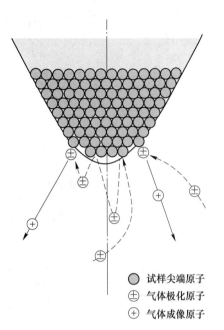

○ 试样尖端原子
⊕ 气体极化原子
⊕ 气体成像原子

图 4-1 成像气体原子在电场中的极化与电离

表 4-1 几种气体的电离能和最佳成像电场强度

气体	电离能/eV	最佳成像电场/$V \cdot nm^{-1}$
氦	24.6	44
氖	21.6	35
氩	15.8	22
氪	14.0	15
氙	12.1	12
氢	15.4	22
氮	15.6	17

若试样为钨针尖，其金属电子功函数 $\varphi = 4.5eV$，成像气体为氦，其电离能 $I = 24.6eV$，氦的最佳成像电场强度 $F_{BIF} = 44V/nm$，可以计算出正离子距表面的距离 $x_c \approx 0.45nm$，即场电离只在距表面约 0.45nm 处很窄的区域内发生。

4.1.1.3 FIM 一般结构

FIM 由真空室、试样架和电子通道板组成，主体为真空室。针状试样安装在真空室内，用液氢制冷头或液氦冷却试样至90K以下，以降低原子热振动。试样尖端对着电子通道倍增板（通道板）。试样施加相对于通道板（接地）为2~30kV的正高电压，如图4-2所示。

FIM 工作时首先使真空室达到高真空后通入成像气体，气体分子在电场中极化，与针尖试样碰撞直至发生场电离形成离子，离子束在电场力作用下飞向电子通道板，在荧光屏上形成亮点，即场离子像。

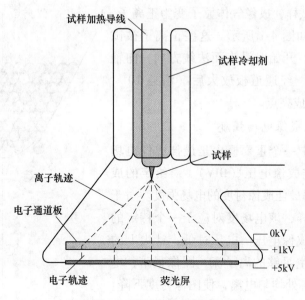

图 4-2　FIM 的结构框图

4.1.2　FIM 像特征

FIM 像的特征主要表现为由一系列亮点构成的同心环，其放大倍数取决于针尖试样的曲率半径和试样到荧光屏的距离，分辨率由电离圆盘直径、成像离子切向动量和切向热运动造成的像尺寸扩展所决定。

4.1.2.1　图像特征

FIM 的针尖试样并非光滑表面，存在原子级台阶，称为扭折（kink site）和凸壁（ledge site）。在这些位置，由于局部曲率半径最小而局域电场强度最大，成像气体电离概率也最大，成像气体大概率电离形成离子锥，在荧光屏上得到亮斑，就是在晶面棱角处原子的像，如图 4-3 所示。显然，FIM 观察到的仅是这类原子的像，而不是试样表面所有原子的像。设试样尖端为半球形，图 4-4 画出了半球试样顶端的 3 层原子面，其晶面指数为（hkl）。各晶面同半球表面相交形成的同心圆，其圆周处是（hkl）面在试样表面形成

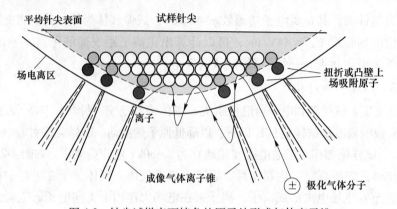

图 4-3　针尖试样表面棱角的原子处形成气体离子锥

的原子级台阶，台阶处形成的离子锥投射到荧光屏上就得到一组同心环，即试样（hkl）晶面原子的场离子像。可以看出，这种成像方式是一个极射赤面投影过程，所以同心环的中心是（hkl）极。对于实际制备的针状试样，其针尖表面同多组晶面相交，每一组都形成同心圆，成像得到多组同心环，每一组环构成一个极，每个极的分布类似于晶体相同取向的极射赤面投影图，如图 4-5 所示。另外，由于各组晶面的局部曲率半径不同，同心环的形状和清晰程度会存在差异。

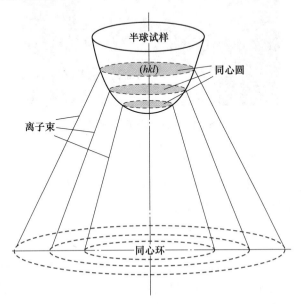

图 4-4　半球试样顶端 3 层原子面棱边处原子的场离子像

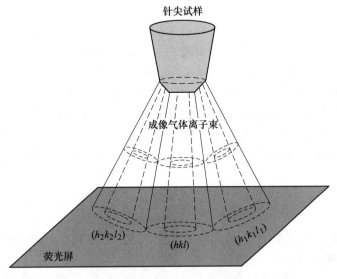

图 4-5　针尖试样的场离子像，形成多个同心环

图 4-6 是 Mo 合金试样的 FIM 像，由许多形成同心圆的亮点组成，每一组同心圆即为某个（hkl）晶面在表面棱角处原子的像。应该强调的是，试样里（hkl）中心完整排列的

原子（同心环中心黑色区域）虽然依旧存在，但并不给出原子像，这是 FIM 像的特点。

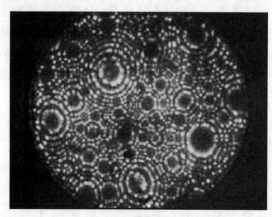

图 4-6　Mo 合金的场离子显微镜像

4.1.2.2　图像放大倍数

FIM 结构比较简单，成像时不需要透镜。如果 FIM 试样与荧光屏构成两个同心球，则成像离子轨道垂直于试样表面，放大倍数可由下式给出：

$$M = \frac{R+r}{r} \approx \frac{R}{r}(r \ll R) \tag{4-1}$$

式中，r 为试样半径；R 为试样表面到荧光屏的距离；$R+r$ 为荧光屏球的半径。实际上试样为针状，正离子运动轨迹开始时垂直试样表面，以后由于针尖及样品支架处的正电场将使其轨迹向试样轴方向弯曲，放大倍数会有所减小。

设 r 为针尖顶端平均曲率半径，则平均放大倍数为：

$$\overline{M} = \beta \frac{R}{\overline{r}} \tag{4-2}$$

式中，β 为修正因子，对确定的仪器为常数，一般取值为 $0.6 \sim 0.7$，由针尖的长度和样品支架的结构决定。如取 $R=10\text{cm}$，$r=65\text{nm}$，则 M 约为 10^6 倍。

如前所述，针尖表面并不是严格的半球形，各处局部曲率半径不同，一些实验中需要较精确地求出局部放大倍数。按式（4-2），则必须求出局部曲率半径 r。在 FIM 像上环结构比较清晰的情况下，r 可由实验求出。首先将 FIM 照片上需求曲率半径 r 附近的两个极指标化。试样的晶体结构为已知，则可求出这两个面的夹角 θ 和 (hkl) 晶面间距 d_{hkl}，则由下式可求出：

$$r = \frac{nd_{hkl}}{1 - \cos\theta} \tag{4-3}$$

式中，n 为 (hkl) 极与 $(h'k'l')$ 极间环的数目。如在 FIM 照片上两个极中心的距离为 L，则局部放大倍数 M_r，有：

$$M_r = \frac{L}{r\theta} \tag{4-4}$$

应用上述方法计算针尖表面曲率半径选择不同的极，r 值不同。主要与场蒸发电场与晶面取向有关。

4.1.2.3　分辨率

分辨率是指显微镜所能分辨的物空间的最小距离。设针尖表面直径 ΔY_t 的物点在荧光屏上的像尺寸为 ΔY_s，考虑到成像气体原子离开试样表面时，由热运动造成的切向分量和梅森堡测不准关系对像点尺寸的影响，随 ΔY_t 的不断减小，ΔY_s 小到一定值 ΔY_{smin} 后不再变小。当放大倍数为 M 时，定义 FIM 分辨率 δ 为：

$$\delta = \frac{\Delta Y_{smin}}{M} \tag{4-5}$$

主要有3个因素决定分辨率：

（1）成像气体原子的场电离并不仅仅发生在离试样表面某些原子的距离为 X_e 处的几个确定的点（图4-3），而是发生在直径为 δ_0 的"电离圆盘"中。δ_0 的经验值为 $0.15 \sim 0.35\mathrm{nm}$，是限制 0K 时分辨率的主要因素。

（2）由测不准关系导致的成像离子切向动量不确定性引起的像尺寸扩展 δ_u。

（3）成像离子平行于表面的切向热运动造成的像尺寸的扩展 δ_t。

把这3个因素合并在一起，得到 FIM 的分辨率 δ。

$$\delta = (\delta_0^2 + \delta_u^2 + \delta_t^2)^{1/2} \tag{4-6}$$

分辨率主要由针尖温度 T 和曲率半径 r_t 决定。r_t 不能无限变小，否则视场太小，信号太弱，同时做试样也有困难。提高分辨率最有效的方法是冷却试样，常常冷却到 $20 \sim 90\mathrm{K}$。

4.1.3　FIM 应用

试样制备出极细的尖端是 FIM 实验的关键；图像衬度主要遵循"选择蒸发"机制；合金的衬度较为复杂，与原子种类和局部环境相关。

4.1.3.1　试样制备

FIM-AP 的针状试样，尖端曲率半径为 $20 \sim 100\mathrm{nm}$。制备针尖的初始材料一般是直径为 $0.1 \sim 0.3\mathrm{mm}$ 的细丝，金属材料可由冷拔或由电火花切割制成。不能拔丝也无法用电火花切割的半导体、非晶带等材料，可以采用化学抛光法制备。

细丝制备出针尖视材料不同选择不同方法。金属试样一般用电解抛光方法制备，通常分为两步进行，如图4-7所示。首先选择细丝的局部进行电解抛光（图4-7（a）），在抛光液中上下移动细丝试样，处于抛光液表面处的细丝细化速率快，减薄处形成锥度，精心控制直至细丝熔断，断面附近的锥度应尽量保持。然后在接入电路的细小铂丝环内滴入电解液（图4-7（b）），形成微抛光膜，把有锥度的细丝尖端插入其中进行电解抛光，反复拉动使针尖逐渐细化，曲率控制到 20nm 以下。针尖在抛光膜中细化，一般在体视显微镜下完成。陶瓷、半导体等材料可以用离子研磨法制备针尖。试样制备过程中应防止发生温度升高、氧化等变化，制备完成应尽快清洗。

正如带电容器的两极之间存在着相互吸引力，在 FIM 中也存在类似的力。不过作为其中一个电极的针尖非常小，因此在样品顶部存在很高的局部应力，称为电场诱导应力。对一个表面电场强度为 F_0 的带电球体，垂直于表面的应力 σ_0 为：

$$\sigma_0 = \frac{F_0^2}{8\pi} \tag{4-7}$$

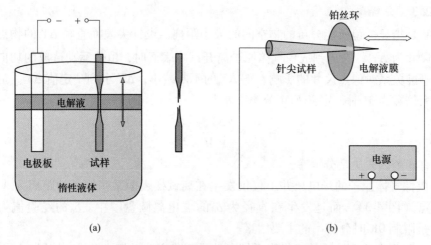

图 4-7   电解抛光制备 FIM-AP 金属试样

（a）丝状试样抛光形成有锥度断面；（b）锥度断面细化形成针尖

FIM-AP 试样的形状比较复杂，会同时产生正应力和切应力。由于表面各处 F 不同，电场诱导的应力也各不相同。在一般情况下，应力不会导致试样断裂。但不合适的抛光条件，在试样表面造成凹槽或缺口，应力会在缺口处诱发裂纹导致试样断裂，试样制备过程中需要特别关注。

4.1.3.2   合金的成像衬度分析

合金的成像机理比较复杂，这是因为合金中的各种元素的场电离和场蒸发行为不同。试样表面电荷会向电负性大的原子一方转移，电负性小的原子周围局部电场增强，成像气体电离概率增加，其像点较亮，这是"选择电离"机理。更常见的是"选择蒸发"机理。如果在电场中溶质原子优先蒸发，则 FIM 像上出现暗点衬度。反之，若溶剂原子优先蒸发，溶质原子在场蒸发过程中易于滞留，则显示出亮点衬度。

选择场蒸发不仅与原子种类有关，也与原子的局部环境有关。例如，Pt-Au 稀合金中，紧邻 Au 原子的 Pt 原子也可能优先蒸发，出现暗点衬度。此外，间隙杂质原子也常常呈现亮点，因此观察到的暗点或亮点，并不与溶质原子一一对应。利用 FIM 研究二元系中溶质原子的分布和短程有序度，除了首先要辨明溶质原子为暗点或亮点外，还必须详细分析其他产生暗点或亮点的可能原因，排除了这些因素，才能得到可靠的结果。在大多数合金中，随合金中溶质浓度的增加，像纯金属或稀合金中出现的环状结构越来越不明显。溶质含量很高时，例如不锈钢，其低指数极不易分辨，从中难以得到有价值的信息。

非晶合金其 FIM 像上看不出原子的规则排列，其有序化后可出现环状结构。还有一些化合物在有序化以后，均可观察到十分规则的环结构。氧化物超导体也可得到场离子像，某些情况下显示出层状结构。成像质量依赖于材料的化学键性质和原子排列的紧密程度等各种因素。

过饱和固溶体分解时，沉淀出第二相。与基体相比大部分沉淀相显示出亮点或暗点衬度。这种衬度主要决定于沉淀相与基体相两者场蒸发行为的差异。如果沉淀相比基体难以场蒸发，则随场蒸发过程的进行，它将从试样表面突起来，该处局部电场强度高，因而场电离概率也高于其周围基体，沉淀相在 FIM 像上形成亮区。反之，如沉淀相比基体容易场蒸发，则在 FIM 像上呈暗区，如图 4-8 所示。通常熔点越高的相衬度越亮。此外，析出相的衬度还依赖于试样的温度和成像气体的种类。

如果合金中已经析出几类不同的沉淀相，但在 FIM 像上看其衬度非常相似，看不到第二相的衬度，并不一定意味着合金是单相组织。应该进行原子探针和 TEM 实验，进行对应分析后再下结论。

4.1.3.3　晶界分析

在 FIM 像中如果晶界或相界优先蒸发，则它们为一暗线，且在界面处两侧的环状结构互不连续，如图 4-9 所示。晶界的 FIM 像首次令人信服地证明，纯金属中大角晶界不是厚的非晶态膜，晶界宽度只有 1~2 个原子层，从而结束了数十年关于晶界宽度的争论。

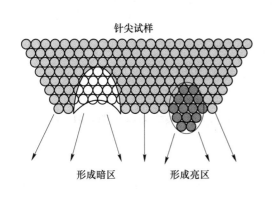

图 4-8　基体和沉淀相的场蒸发差异

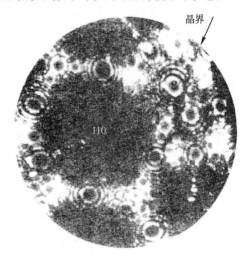

图 4-9　钨的 FIM 像
（暗带显示晶界）

界面的 FIM 像比较直观。从中可以看到界面在原子尺度上是否平直；确定两晶粒的相对取向，应用场蒸发技术可确定晶界面的取向；结合 AP 分析，可定性判断是否存在晶界偏析；在可看到环结构的情况下，可判断两相是否共格，如果像环从一相到另一相是连续的，则两相是共格的。观察有序相反相畴界，有序相的 FIM 像中常常只有一种原子成像为亮点，另一种原子看不见，在分析中需要注意。

4.2　三维原子探针

4.2.1　原子探针工作原理

AP 实验中利用场蒸发过程，有成像势垒模型和电荷交换模型解释。对于场蒸发出来的正离子，测定的质荷比实现单个原子的识别，这是原子探针的基本原理。

4.2.1.1　金属原子的场蒸发

已经知道，针尖试样上施加足够强的电场强度后，表面原子会离开试样，形成正离子，这个过程称为场蒸发（field evaporation）。如果试样表面已吸附了一层气体原子，施加一定强度的电场后，可去除此吸附层，这个过程称场脱附（field desorption）。场蒸发和场脱附发生的物理过程非常相似，可用统一的方法处理。

场蒸发是十分重要的概念，特别是 AP 实验中都要利用场蒸发过程。为了解决场蒸发现象并计算开始产生场蒸发的电场强度和蒸发后金属离子的价态，提出了两种模型，成像势垒模型和电荷交换模型。

按照一维势能来考虑，原子势和离子势都是负值，随离开试样表面的距离而变化，离子势能低于（更负于）原子势能。有电场存在时，离子态势能出现一极大值，通常称为"肖脱基势垒"。对成像势垒模型，此极大值的位置，在原子势能曲线外部。对电荷交换模型，此极大值在原子势能曲线内部或完全不存在。

成像势垒模型认为，无外加电场时，从试样表面以 n 价正离子形式移走一个原子所需的总能量为 Q_0：

$$Q_0 = \Lambda + \sum I_n - n\varphi \tag{4-8}$$

式中，Λ 为试样升华能；$\sum I_n$ 为从原子取走 n 个电子所需做的功；φ 为功函数。

当试样表面处存在正电场 F 时，正离子距表面越远，其势能越低，因而蒸发一个原子所需克服的能量从 Q_0 降到 Q_n，如忽略离子实排斥项和原子与离子的极化项，计算可得：

$$Q_n = Q_0 - \frac{1}{2}\left(\frac{n^3 e^3 F}{\pi \varepsilon_0}\right)^{\frac{1}{2}} \tag{4-9}$$

从式（4-9）可看出，升华能高的材料，其蒸发场也高，这在实验中已被证实。用这种方式计算得到的各种元素的蒸发电场与实验观察值符合。

电荷交换模型认为，只要使表面原子激发到原子势能曲线与离子势能曲线的交叉点所对应的能量，就会产生场蒸发，因为在该交叉点之后，离子势能曲线随距试样表面的距离增加而下降（更负）。产生蒸发后立即发生电子转移，即由中性原子变为离子。在此模型中，激活能 Q_n' 比从肖脱基势垒高度所给的值要低。

场蒸发过程要克服势垒，在较高温度时，要依靠热激活，而在很低温度时，则通过原子隧道效应。大部分金属和合金的成像，温度范围在 $20 \sim 90\mathrm{K}$ 区间，此时热激活和原子隧穿均会发生。蒸发速率 K_e 可表示：

$$K_e = v_{\mathrm{eff}}\exp\left[-\frac{Q_n}{kT} + \frac{C}{(kT)^3}\right] \tag{4-10}$$

式中，v_{eff} 为有效原子振动频率；$\exp\left[-\dfrac{C}{(kT)^3}\right]$ 为隧穿概率。常数 C 取决于被蒸发原子的质量和三角形势垒的形状。由式可见，随试样温度的升高，场蒸发速率按指数规律上升，即在温度升高时，一定要降低成像电压，以保持稳定的 FIM 像。

在 FIM 观察和 AP 分析过程中，场蒸发过程十分重要。首先它使针尖在原子尺度上清洁和光滑。刚做成的针尖，其尖端表面总是不规则的，而且吸附有气体分子。试样进入场镜后，随电压的升高，吸附层不断被剥离，表面凸出部分因该处局部电场强度最高首先被场蒸发。经过一定时间，试样尖端即成为在原子尺度上光滑、清洁的表面，这时才能进行场镜或原子探针试验。利用场蒸发可对试样进行三维结构分析，把由各层得到的照片或录像重新组合，即三维重构，得到试样中一定深度范围内的原子（或微相）排列的三维图像。可以研究晶界、相界以及超细相的形状、尺寸和分布。

4.2.1.2 质荷比测量

对于场蒸发出来的正离子，其质量和电荷之比是最为精准的特征量。利用飞行时间质谱仪测定的质荷比，则可确定离子的种类，实现单个原子的识别，这是原子探针的基本原理。

由于离针尖表面数纳米内，电场强度急骤降低，作为较好的一级近似，可以认为刚离开试样表面，离子即被瞬时地加速到它们的最后速度。设试样上所加电压为 V，发生场蒸发时，试样表面处正离子的电势能全部变为动能：

$$neV = \frac{1}{2}mv^2 \qquad (4-11)$$

式中，m、ne 和 v 分别为离子的质量、电荷和速度。若试样顶端到探测器的距离为 L，则由 $v = L/t$，得到：

$$\frac{m}{n} = 2eV\frac{t^2}{L^2} \qquad (4-12)$$

式中，$V = V_{DC} + \alpha V_p$；V_{DC} 和 V_p 分别为加在试样上的直流电压和脉冲电压；α 为修正因子，这是考虑到高压脉冲通到试样上的损失以及离子的不完全加速。代入常数值时，还应考虑到电子设备的延迟时间 δ，上式修正为：

$$\frac{m}{n} = 1927(V_{DC} + \alpha V_p)\frac{t' + \delta}{L} \qquad (4-13)$$

式中，m/n 的单位为原子质量单位（a.m.u.）；V_{DC}、V_p 的单位为 kV；$t' + \delta$ 单位为 μs；L 的单位是 cm。实际飞行时间 t 由测量得到的时间 t' 和一定的电子仪器延迟时间 δ 组成。α、δ 和 L 均可由实验测定。

实验工作表明，在分析多元素相的成分时，为避免选择蒸发对测量结果的影响，V_{DC}/V_p 应为 0.1～0.15。同时，随着场蒸发的进行，试样尖端曲率半径变大，为保持一定的场蒸发速率，要不断提高电压。另外，真空室中的成像气体原子随机到达探测器，质谱中会出现背底噪声。关闭成像气体进口阀，使 AP 分析在超高真空室中进行，即可消除噪声，但无法观察到被分析区的形貌。

4.2.2 仪器结构与性能

原子探针由 FIM 和质谱仪两部分构成，有飞行时间原子探针（time of flight atomic probe，T of AP）、成像原子探针（imaging atomic probe，IAP）和三维原子探针（three-dimensional atomic probe，3DAP）、能量补偿原子探针（energy compensated atomic probe，ECAP）、脉冲激光原子探针（pulsed laser atomic probe，PLAP）等多种类型。T of AP 通过连续场蒸发测定离子的飞行时间逐个鉴别原子；3DAP 同时记录离子种类及其在针尖的位置，进行重构给出直观的三维图像，避免了场蒸发破坏原始试样的影响，其深度方向分辨率优于横向约 0.5nm。

4.2.2.1 飞行时间原子探针

飞行时间原子探针（T of AP），由于离子飞行在一直线管道中，故又称直线 AP。

图 4-10 为其结构示意图。仪器由两部分组成：显示屏左侧为 FIM，右侧为质谱仪，显示屏中心是探孔。从试样场蒸发出来的部分离子通过探孔，进入质谱仪的飞行管，最后到达飞行管末端的单个离子探测器，可以鉴别单个原子的种类。虽然场蒸发时，试样尖端表面处处有离子被蒸发出来，但只有穿过此探孔的离子才能在质谱仪中被分析。探孔限定了试样表面被分析的面积，直径一般在 1~6mm 之间。此直径除以 FIM 的放大倍数，即为试样上被分析的面积直径。如放大倍数为 10^6，该直径为 1~6nm。

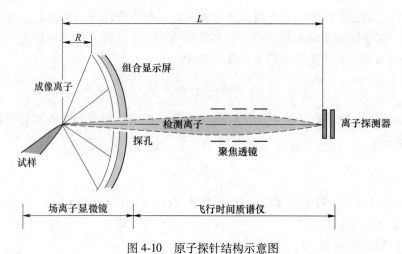

图 4-10   原子探针结构示意图

AP 系统要求背底真空一般为 10^{-7}~10^{-9}Pa（10^{-9}~10^{-11}mbar）的超高真空。预真空系统的背底真空为 10^{-6}~10^{-7}Pa，更换样品时主真空室不直接放气。试样台可旋转和倾斜，以保证场离子像的任何部位均可调整到探孔位置。测量系统原则上可精确测定 m/n 值。但实际上高压脉冲并非严格的矩形波，造成场蒸发离子的能量有一定的分布，限制了直线 AP 测量的离子质量分辨率，$\Delta m/m$ 约为 1/150。

4.2.2.2   三维原子探针（3DAP）

对于脉冲场蒸发出来的每个离子，记录下种类和位置，用计算机技术进行三维重构，给出试样原子分布的三维图像，这就是三维原子探针。

AP 分析是一种破坏性技术。对某一微区进行定量分析时，由于场蒸发过程已将表面剥离无法复原，不可能对邻近区域进行同样的分析。实际上，进行一般 AP 或成像 AP 实验时，所有场蒸发出来的离子中，只有一小部分被分析利用，三维原子探针改变了这种状态。一种方法是将光倍增器阵列连接到成像 AP 的光纤输出组件，记录从试样表面不同区域蒸发来的许多离子的飞行时间，同时也保存了这些离子在试样表面原始位置的信息。另一种是利用连续数据记录技术，用位置灵敏阳极代替成像 AP 中磷荧光屏和光纤输出组件，同时记录原子位置和种类，能以很高的精度记录离子的飞行时间，可以分辨前后间隔 300ns 相继到达阳极的两个离子的位置。

3DAP 的检测结果比较直观，通常是给出分析柱体或针尖连续场蒸发区的原子分布。图 4-11 是一例 3DAP 分析铁素体钢的实验结果（Acta Materialia，2018，135）。

4.2.2.3   连续场蒸发

为鉴定单个离子的种类，要测定离子从试样到探测器的飞行时间。首先在试样加上

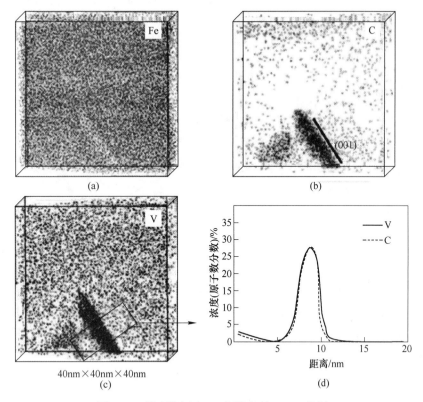

图 4-11 铁素体钢中 VC 沉淀相的 3DAP 分析

(a)~(c) 元素图（elemental maps）；(d) V 和 C 的浓度曲线，取自图（c）的方框区

（分析柱体 20nm×20nm×20nm）

不发生场蒸发的直流高电压 V_{DC} 看到场离子像，再叠加一个适当的高压脉冲，使试样表面原子场蒸发为正离子。与此同时，一个与高压脉冲同步的低压脉冲打开计时器。由电场获得动能的部分正离子穿过荧光屏中心探孔，再通过 L 长的直线飞行管到达由双层通道板组成的探测器。每个到达探测器的离子产生一电压脉冲使计时器停止工作，测定出离子的飞行时间 t，由 t 和 L 即可求出离子的质荷比（式（4-12）），从而确定该离子的核素种类。

连续场蒸发时，针状试样逐层剥离，发生大量离子，对着探孔的离子穿越探孔到达检测器得到检测。随着连续场蒸发，探孔所对着的试样区形成一个小柱体，其中基体和沉淀相的原子都得到检测确定，如图 4-12 所示。如果需要分析试样其他部位的原子，需要倾转试样，使分析部位对准探孔再进行蒸发即可。分析柱体的直径由探孔和试样到显示屏的距离决定，典型值为 2~5nm。AP 可确定该小柱体中各种元素的含量，由于残余气体分子造成的背底噪声的限制，可测溶质原子的最低含量（摩尔分数）为 0.2%。

空间分辨率是 AP 的重要性能指标，分为横向和深度两个方向。横向取样大小即小柱体的直径，由探孔的有效尺寸决定，一般取在 2~6nm 之间，视析出相的大小而定。实际上原子的蒸发过程中，有时受邻近环境（例如晶体缺陷）的影响，飞行轨道会略有畸变。这种效应使横向分辨率降低到 0.5~1nm。深度方向的分辨率取决于被监测的（hkl）晶面距离，为 0.2~0.3nm，明显优于横向分辨率。

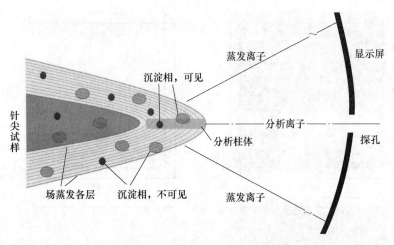

图 4-12　连续场蒸发时的分析柱体

4.2.3　FIM-3DAP 应用

用于 AP 分析的试样制备同 FIM 的相同。常用的 AP 分析方法有两种：单原子种类识别、选区分析即沿深度方向的成分剖析。可以根据研究问题的性质，选用相应的分析方法。

4.2.3.1　单原子种类识别

可识别晶界或相界偏聚元素的种类以及被试样表面吸附原子的种类等。识别的关键是保证在 FIM 中产生亮斑的原子，正好是场蒸发后到达探测器并被接收记录的原子。试验时转动样品台，将所需分析的亮斑移到探孔中心。然后在试样上加上一个脉冲电压，如果离子流突然下降，表示亮斑原子已被该脉冲场蒸发，AP 收集到的最后一个原子就是所需分析的原子。实验中有时会记录不到亮斑原子或误判，所以应对多个亮斑进行分析。

4.2.3.2　选区分析

用来测定 FIM 像中某特定微小体积，几个纳米的析出相的成分。实验时转动样品台，把 FIM 像中感兴趣的析出相调到荧光屏中心，使其完全覆盖探孔后即可进行 AP 分析，测定其成分。分析柱体直径取决于探孔直径，可以达到几纳米；柱体深度取决于连续场蒸发的程度，视研究目的而定。如果不同的析出相在 FIM 像中不能形成衬度，则可进行随机区域分析。

4.2.3.3　AP 分析的数据表征

AP 实验过程中，最原始的记录，是按离子被收集到的先后次序显示其质荷比，同时亦列出蒸发各个离子所需的脉冲数，直接用于数据量很少的单原子识别。为了从中取得更多的信息，目前发展了很多软件，可得到质谱图、符号图、沿深度方向成分剖析图、阶梯图、累积剖析图等。可以根据研究问题的需要，分别采用其中的几种数据表示法。

A　质谱图

质谱图是实验中最常用的数据表示法。图 4-13 为镍基超合金中 γ 相的质谱图。横坐标为质荷比，单位为原子质量单位（a.m.u.），纵坐标为离子数。质谱图可用线性坐标，也可用对数坐标。对数坐标强调显示微量元素的峰。另外，直线飞行 AP 质量分辨率较差，高质荷比方向的谱峰常以指数形式衰减。采用对数坐标，有利于对相邻重叠谱线的解谱。

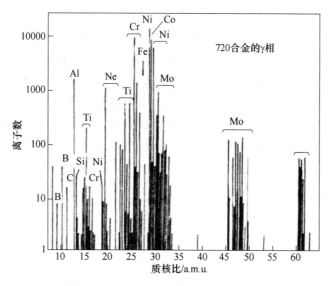

图 4-13　Udimet 720 合金 γ 相的质谱图

质谱图常常是数据处理的第一步，由它可以知道试样中含有什么元素及其在该实验中的质荷比范围。在后续试验中，利用这些质荷比范围，即可确定各离子的种类。

B　深度成分剖析图

深度成分剖析图按离子到达的顺序，将一定数目的离子作为一个数据组，其中每个离子的种类已经确定，可计算出各数据组的成分。一般把蒸发掉一个参考（*hkl*）原子面期间收集到的离子作为一个数据组，这样就能标定深度方向的距离。

图 4-14 为 Fe-Cr-Co 硬磁合金经多重回火后，Fe 和 Cr 浓度的成分剖析图。可看到 α 相以 Fe 元素为主，α′相的主要成分是 Cr；α 相厚度约 20~55nm，α′厚度约 10nm，α/α′相界处在几个 nm 区间，元素含量由 10%上升到 80%左右。

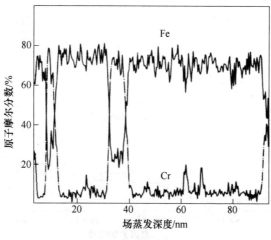

图 4-14　深度成分剖析图
（Fe-Cr-Co 合金回火）

C　阶梯图（ladder diagram）

阶梯图横坐标和纵坐标都是收集到的某一种原子数。图 4-15 是 Ni_3Al 的阶梯图，横坐标是 Ni 原子数，纵坐标是 Al 原子原子数。探孔对准试样的（001）面。Ni_3Al 相当于面心立方结构，Ni 原子在面心，Al 原子占据顶角。在 ［001］ 方向，纯 Ni 层与 50%Ni-50%Al 混合层交替出现。图 4-15 中每一小段水平线相当于探测到纯 Ni 层。斜线对应于混合层。这种金属间化合物含 3% 的铪（Hf），每个圆点是铪原子出现的位置，可见大部分铪原子出现在混合层上。阶梯图适用于研究长程有序合金中反位置原子的多少及微量掺杂原子所占据的亚点阵。

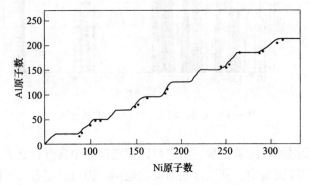

图 4-15　Ni_3Al 沿 ［001］ 方向的阶梯图

D　累积剖析图（cumulative profile）

累积剖析图与阶梯图相似，纵坐标是某一种原子数，但横坐标是收集到的总原子数，与场蒸发深度相关。曲线各点的斜率即为纵轴所示元素的局域浓度。累积剖析图适用于研究界面附近的成分变化。图 4-16 为对部分晶化的 Al-10Ni-3Ce 非晶合金所测定的通过 α-Al 微晶的累积剖析图。

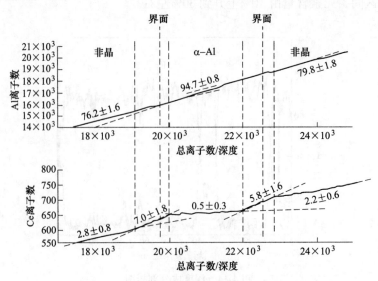

图 4-16　Al-10Ni-3Ce 非晶合金的累积剖面图

从图 4-16 中 Ce 分布曲线各点的斜率求得该处的浓度，α-Al 约含 0.5%Ce，α-Al 周围的非晶态中含 2.2%~2.8%Ce。在 α-Al/非晶态界面处有富 Ce 层，厚度约 3nm（800 个离子）。Ce 的浓度分布表明，在 α-Al 晶化过程中，超过固溶浓度的 Ce 向未晶化区扩散，在 α-Al/非晶界面处形成富 Ce 层。

实验中需注意探孔的有效尺寸。当析出相尺寸明显大于探孔直径时，从成分剖面图上可以直观得获得其成分、厚度和溶质原子的浓度信息；若析出相尺寸小于探孔直径，成分剖面图包含了各种成分的起伏，通常采用频率分布图、自相关分析等数值方法，确定析出相的平均直径、体积分数等信息。

4.2.3.4 应用举例——3DAP 元素偏聚分析

3DAP 分析元素，实验结果通常给出分析柱体的尺寸，原子的种类和位置以伪彩点列展示在分析柱体之内，半定量元素分布以浓度-位置曲线给出。图 4-17 是一超高强钢的 3DAP 分析结果（Scripta Materialia，2020，178）。钢的成分 0.25C2Cr10Ni8Co2Mo2Al 钢，真空熔炼。

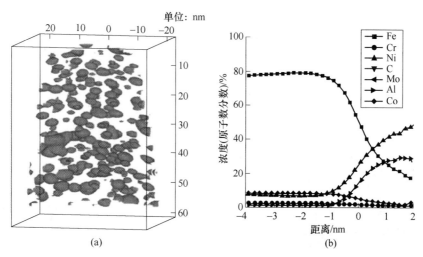

图 4-17 超高强钢中 NiAl 颗粒的 3DAP 分析

（a）分析体积中 NiAl 的等线图；（b）NiAl 颗粒的一维浓度曲线

经过锻造和热处理，钢的抗拉强度为 2.4GPa，屈服强度为 2.1GPa，延伸率为 11.4%，V 形缺口冲击韧性为 37J/cm²。强度-延性-韧性的组合优于常规超高强度钢，使用 3DAP 分析强韧化机制。

图 4-17（a）是 NiAl 的等线图（等值面图，isosurface map），由分析体积内全部有确定位置的 Ni 原子和 Al 原子三维重构而成，显示出 NiAl 颗粒。图 4-17（b）是通过一个 NiAl 颗粒的一维浓度曲线（concentration profile），横坐标 0 的位置对应于基体 α′-Fe/NiAl 界面附近，显示出基体的 Fe 及固溶的 Cr、C 等其他元素。在 NiAl 位置，Fe 元素大幅度降低，Ni、Al 两类元素成比例同步增加，没有其他元素存在，符合 NiAl 化合物的特征。计算得出 NiAl 平均直径约为 3nm，体积分数为 4.9%。

图 4-18 是超高强钢基体的元素三维分布。分析柱体尺寸约 50nm×50nm×60nm，图 4-18（a）~（c）分别是 C、Cr 和 Mo 原子的分布形态，分别由分析体积内单一原子的信息三

维重构而成，不同元素由伪彩显示，元素集中区域的特征是同一位向的条带状。结合 TEM 和 XRD 分析，确定这些带状区是高密度位错区，表明过饱和固溶元素在基体 α'-Fe 相中沿位错线偏聚。图 4-18（d）是分析体积中一个区域内的元素分布曲线。横坐标 0 的位置是位错高密度区域和低密度区的交界附近。在低位错密度区，3 种元素含量很低，高密度区内 3 种元素含量同步升高，且显示出 Cr 含量始终高于 C 和 Mo 的含量。

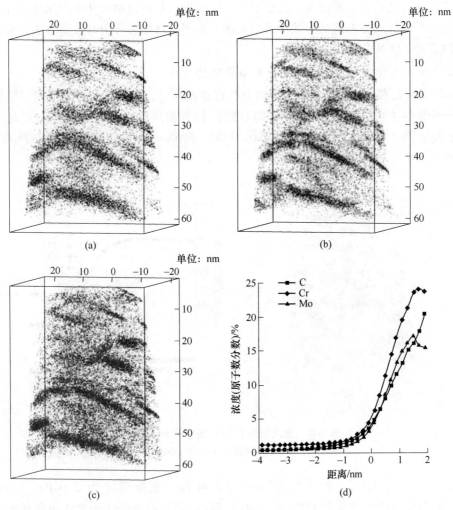

图 4-18　3DAP 测量超高强钢基体的元素分布

（a）C 元素；（b）Cr 元素；（c）Mo 元素；（d）分析体积内一个区域的浓度分布曲线

　　基于以上分析，确定钢的强韧化机制是大量纳米 NiAl 颗粒弥散分布、高密度位错、位错线上固溶原子强偏聚的综合作用。

思 考 题

4-1　概念理解：

　　场电离；场蒸发；连续场蒸发；最佳成像电场强度；质核比（m/n）；深度剖析图；累积剖析图；

离子质量分辨率。

4-2　如果对同一试样的同一类原子分别进行 FIM 分析、HAADF 的 Z 衬度分析和 HRTEM 的相位衬度分析，试述 3 种结果有何区别。

4-3　比较 FIM、TEM、SEM 的放大倍数各由哪些因素决定。

4-4　FIM 的原子像形成同心环亮点，其中心黑色区域的原子不能显示；有序相的仅能显示一类原子，另一类也不能显示；试说明这两种不能显示的机制。

4-5　总结 FIB 原子像、晶界像和位错像的特征。

4-6　图 4-19 是 3DAP 的 Isosurface map（等线图或等浓度面原子分布图）和 elemental map（元素分布图），试说明二者在显示元素分布上有何区别？

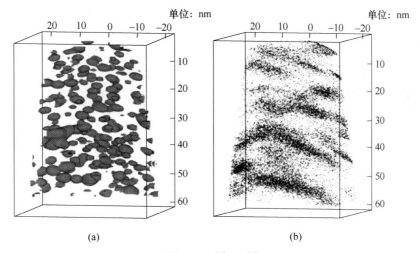

图 4-19　题 4-6 图

（a）等线图或等浓度面原子分布图；（b）元素分布图

5 俄歇电子能谱仪和 X 射线光电子能谱仪

俄歇电子能谱仪（auger electron spectroscopy，AES）和 X 射线光电子能谱仪（X-ray photoelectron spectroscopy，XPS）是分析材料表面元素的仪器。法国物理学家 Pierre Auger 于 1925 年最先观测到俄歇电子发射现象，1968 年后发展成为一种分析技术，此后在仪器改进、实验方法和理论计算以及应用等方面不断发展，如今已成为普遍用于材料表面元素分析的一种方法。X 射线光电子能谱，由瑞典 K. Siebahn 提出并制备成商用仪器，最初用来系统测量各种元素原子的电子束缚能。20 世纪 70 年代初得到发展，如今已成为材料表面分析的常规工具。在 X 射线电子能谱中既有光电子峰也有俄歇峰，可用来分析元素的化学状态，所又称为化学分析电子能谱仪（electron spectroscopy for chemical analysis，ESCA）。

5.1 俄歇电子能谱仪

5.1.1 基本原理

俄歇电子的激发需要 3 个内层电子参与，由于逃逸距离短，仅用于表面分析。通过电子能谱仪检测俄歇电子形成俄歇谱，可以分析样品表面的元素和原子化学态。

5.1.1.1 俄歇电子

原子在 X 射线、电子、离子或中性粒子的辐照下，内层电子（K、L、M 层）可能获得足够能量而电离并留下空位。此时原子处于不稳定的激发态，当较外层的电子跃入内层空位时，原子多余的能量可通过两种方式释放，或发射 X 射线，或发射第三个电子，即为俄歇电子。这个过程称为俄歇跃迁。图 5-1 说明了俄歇电子的发射过程。

其中图 5-1（a）表示入射电子使 K 层电离而发射光电子，图 5-1（b）表示留下的 K 层空位由次层 L_1 的电子（2s 电子）填入，释放的能量给予另一个 2s 电子，作为俄歇电子发射出去。显然，俄歇电子的发射牵涉到 3 个电子的能级，图 5-1（b）的情形为 K、L_1、L_1，图 5-1（b）为 L_1、M_1、M_1，图 5-1（d）为 $L_{2,3}$、V、V。因此，常常将 3 个壳层的符号并列来命名俄歇跃迁和俄歇电子，即 KL_1L_1、$L_1M_1M_1$ 或 $L_{2,3}VV$。事实上，当 K 层有空位时也会发射 $KL_1L_{2,3}$ 及 $KL_{2,3}L_{2,3}$ 俄歇电子，这些都属于 KLL 系列的跃迁。

俄歇电子的动能与入射离子的类型（电子、离子、中子）和能量无关，而由元素及其能级决定，其能量可由俄歇跃迁前后原子系统总能量的差别算出。由于束缚能强烈依赖于原子序数，因此可以用确定能量的俄歇电子来鉴别元素，各种元素主要的俄歇电子能量和标准俄歇谱可以在有关的手册查到。

图 5-2 给出 K 和 L 系的俄歇电子能量，并标出每种元素所产生俄歇电子的相对强度。其中实心圆点代表强度高。

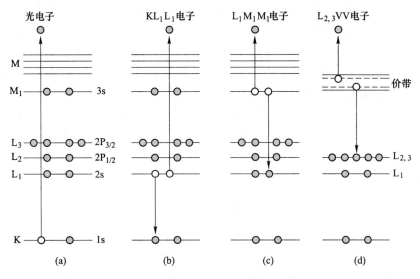

图 5-1　俄歇电子发射过程示意图

（a）入射电子激发 K 层电子，形成光电子；（b）K 层空位产生 KLL 电子；

（c）M 层空位激发 LMM 电子；（d）$L_{2,3}$ 空位激发 LVV 电子

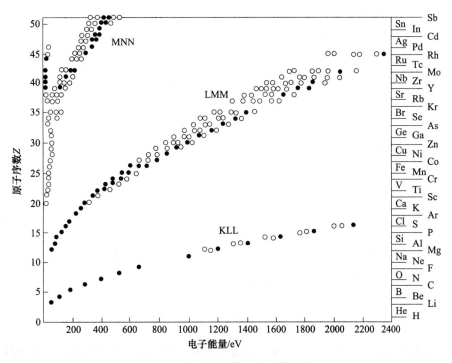

图 5-2　部分原始俄歇电子的能量

5.1.1.2　俄歇电子逃逸深度

原子所产生的俄歇电子有其特征的能量。电子在固体中运动时，还可能通过非弹性碰撞而损失能量，如激发等离子激元、使其他芯电子激发或引起能带间跃迁等。只有在近表

面区内产生的一部分电子可以不损失能量而逸出表面，被收集在俄歇信号的计数内。因此引入电子逃逸深度概念，其定义为：具有确定能量 E_c 的电子能够通过而不损失能量的最大距离。若入射粒子的能量高，穿透样品的深度比逃逸深度大，则激发的俄歇电子在从激发点到表面的出射途中将发生非弹性碰撞，损失能量 δE。这些能量低于 E_c 的电子形成本底信号，在主要俄歇峰的低能一侧形成拖长的尾部。

设俄歇电子能量为 E_c，I_0 为 E_c 的电子通量，电子穿过薄膜时发生非弹性碰撞，非弹性碰撞的截面为 σ，薄膜中散射中心的密度为 ρ，则在薄膜衬底以上距离 z 处无限小厚度 $\mathrm{d}x$ 内，电子的逃逸深度就是电子非弹性散射的平均自由程。定义平均自由程为 $\lambda = 1/(\sigma\rho)$，则逃逸表面的俄歇电子通量 I：

$$I = I_0 \exp\left(-\frac{x}{\lambda}\right) \tag{5-1}$$

逃逸表面的俄歇电子通量随所穿过距离的增加呈指数衰减，衰减长度 λ 即平均自由程。

逃逸深度 λ 与入射粒子无关，是出射电子能量的函数。对于表面分析而言，最有价值的俄歇电子在 20~2500eV 动能范围，对应的逃逸深度为 2~10 个单原子层。所以 AES 谱的信号在较大的程度上代表着 0.5~3nm 厚表面层的信息。比较深处（$t>\lambda$）的原子对信号的贡献 $\propto \exp\left(-\dfrac{t}{\lambda}\right)$。俄歇电子的 λ 比电子探针分析时特征 X 射线的 λ 小得多。

5.1.1.3　俄歇电子产额

俄歇电子产额或俄歇跃迁概率决定俄歇谱峰强度，直接关系到元素的定量分析。俄歇跃迁概率可以用量子力学进行计算。用一个类氢原子模型，根据微扰理论计算 KLL 的跃迁概率 W_A，可表达为：

$$W_A = \frac{2\pi}{h}\rho(\boldsymbol{k})\left|\iint \Phi_i^*(r_1)\,\Psi_f^*(r_2)\,\frac{e_s^2}{|r_1 - r_2|}\,\Phi_i(r_1)\,\Psi_f(r_2)\,\mathrm{d}r_1\mathrm{d}r_2\right|^2 \tag{5-2}$$

式中，$\Phi(r)$ 和 $\Psi(r)$ 分别为跃入 K 空位的电子和俄歇电子的波函数，下标 i 和 f 分别表示始态和终态；$e_s^2/|r_1 - r_2|$ 为导致跃迁的这两个电子间相互作用势；$\rho(\boldsymbol{k}) = m\left(\dfrac{V}{8\pi^3 h^2}\right)k\sin\theta\mathrm{d}\theta\mathrm{d}\varphi$ 是发射出的动量为 $\boldsymbol{p} = h\boldsymbol{k}$ 的电子按照体积 V 内归一化的态密度。

采用玻尔模型，粗略假定在积分中 $r_2 > r_1$（1s 电子的径向函数范围比 2p 电子的小），并考虑各个方向的俄歇电子（$\int\mathrm{d}\Omega = \int\sin\theta\mathrm{d}\theta\mathrm{d}\varphi$），则可得出：

$$W_A = C\frac{v_0}{a_0} \tag{5-3}$$

式中，v_0 为玻尔速度，$v_0 = 2.2\times10^8\mathrm{cm/s}$；$a_0$ 为玻尔半径，$a_0 \approx 0.053\mathrm{nm}$；$C$ 为常数，约为 7×10^{-3}。可以看出，W_A 与原子序相关性不强。考虑到荧光产额，定义为 ω_A：

$$\omega_A = \frac{W_X}{W_A + W_X} \tag{5-4}$$

W_A 与 Z 基本无关，W_X 近似与 Z 的四次方成正比，因此荧光产额有强烈的原子序关联。图 5-3 给出相对的俄歇产额（$1-\omega_X$）和荧光产额随原子系数的变化。可见在低 Z 元素中，俄歇过程占主导而且变化不大，对于高 Z 元素，X 射线发射则为优先过程。

5.1.1.4 俄歇电子能谱

图 5-4 表示用能量为 1keV 的一次电子束所激发的纯银样品的电子能谱。图中给出 3 条谱线：$N(E)$、$N(E)\times10$ 和 $dN(E)/dE$。$N(E)$ 是电子计数按能量的分布曲线，是俄歇电子能谱的一种显示模式。在 1keV 处很窄的大峰代表弹性背散射电子，稍低能量的强度对应于背散射后因激发电子或等离子激元而损失能量的电子。在低能区（0～50eV）的峰与二次电子相对应。$N(E)\times10$ 谱线是俄歇电子信号的 10 倍放大，这些峰比较小，一般只含有总电流的 0.1%，而且重叠在二次电子的高背底上。

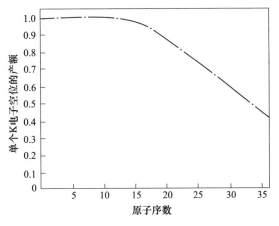

图 5-3 原子序数与 K 电子空位产额的关系曲线

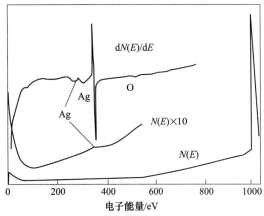

图 5-4 Ag 的 AES 谱

为了减少缓变背底的影响分离出俄歇峰，通常是取 $N(E)$ 的微商 $dN(E)/dE$ 来显示俄歇峰，这是常用的 AES 显示模式。在 $dN(E)/dE$ 谱中的"峰至峰"（peak-to-peak）高度（从最高的正偏离到最低的负偏离）和 $N(E)$ 曲线下的峰面积都与发射俄歇电子的原子数成正比。

$N(E)$ 的电子能量分布函数包含了俄歇跃迁的直接信息，而通过电子学或数字转换的微分技术得到的 $dN(E)/dE$ 函数则可使背底充分降低。能量大于 50eV 的背散射背底电流一般为入射电流的 30%。AES 典型的探测灵敏度为 10^{-3}，即原子的摩尔分数约为 0.1%。数据可以直接显示为 $N(E)$，也可显示为 $dN(E)/dE$ 形式。

5.1.1.5 化学位移

一个原子所处化学环境的变化会改变其价电子轨道，反过来又影响到原子势及内层电子的束缚能，从而改变俄歇跃迁的能量，引起俄歇谱峰位的移动即化学位移。若元素组成化合物并发生了电荷转移，例如形成离子键合时，电负性元素获得电子使其芯电子能级提高即束缚能减小，而电正性元素失去电子使芯电子能级降低即束缚能增大，其结果是改变了元素的俄歇电子能量，相对于元素零价态的化学位移可达几个电子伏特。和发射 X 射线相比，俄歇电子的化学位移较大。以 K、L 电子层为例，K 层能量涉及一次，L 层能量涉及两次，因此就会表现出较大的化学位移。由于俄歇激发是双电子过程，谱线又较宽，所以 AES 的化学位移较难解释。

5.1.2　谱仪基本装置和分析方法

AES 的主要部件有电子能量分析器、样品台、电子探测和倍增器，以及电子学系统。电子能谱仪，常用的有同心半球分析器（concentric hemispherical analyzer，CHA）及圆筒镜分析器（cylindrical mirror analyzer，CMA）两种。与 XPS 连用的系统（即 XAES）常用 CHA，用电子激发的 AES 谱仪则多用 CMA。筒镜电子能谱仪的点传输率很高，因而有很好的信噪比特性，可以对试样表面元素进行定性、半定量分析，以及分析原子的化学态。

5.1.2.1　CMA 型谱仪基本装置

主体部分为筒镜电子能谱仪，其基本结构如图 5-5 所示。仪器主要包括：分析俄歇电子能量的电子能谱仪，作为一次电子束源的电子枪、样品操作台，以及使样品表面溅射剥离的离子枪。

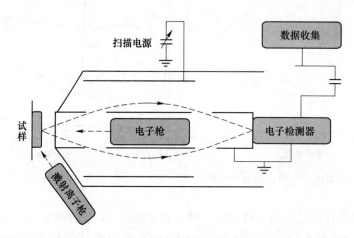

图 5-5　俄歇电子谱仪工作原理示意图

样品台和电子束与离子束的光学组件都置于小于或等于 $10^{-8}\mathrm{Pa}$ 的超高真空中，一般还配备有样品的原位断裂附件和薄膜蒸发沉积装置，有的设备有样品加热台可以进行高温研究，或带有样品制冷台用低温维持样品表面的低蒸气压。

图 5-5 中电子枪与筒镜同轴，发射电子束射到样品上。由样品表面散射或发射的一部分俄歇电子进入筒镜的入口孔，并通过内外筒之间的空间。内筒接地，在外筒上施加可调负偏压，将具有特定能量的电子导向筒镜的轴心，从出口孔射出而被电子倍增器收集起来。筒镜的通道能量（pass energy）和所探测的电子动能与施加在外筒的偏压成正比。通过后的电子能量展宽 ΔE 取决于分析器的分辨 R 值，$R = \Delta E/E$。设备的 R 值为 $0.2\% \sim 0.5\%$。分析器的能量分辨受样品位置和样品上发射电子面积大小的影响。典型电子倍增器的增益系数为 $10 \sim 10^6$，可直接测量电子流。俄歇电子的能量分布函数 $N(E)$，在实际测量中就是收集的电子流强度对外筒偏压（$\propto E$）的函数。

当用电子能谱仪测量电子动能时，实际上电子从样品射出，还要进入分析器。因此，分析器与样品的功函数的差别也会影响到实测值。即实测的电子动能必须扣除这个功函数，对于确定的分析器，其功函数是固定的，为 $3 \sim 5\mathrm{eV}$。

5.1.2.2 元素的定量分析

对于自由原子而言，特定俄歇电子的产额决定于电子撞击下的电离截面 σ_e 和俄歇电子发射几率（$1-\omega_x$）的乘积：

$$Y_A \propto \sigma_e(1 - \omega_x) \tag{5-5}$$

σ_e 和 ω_x 可以由量子力学计算。但是，对于固体中的元素问题比较复杂。只考虑来自逃逸深度 λ 厚表面层的俄歇电子，可有如下因素的影响：

（1）一次电子穿越表面层过程中的背散射。背散射的电子只要动能比原子中的电子束缚能大得多，可能激发俄歇跃迁。

（2）入射束通过固体时的强度变化。例如衍射效应会强烈影响俄歇电子产额。

（3）俄歇电子出射角的影响。当出射方向不是垂直于表面时，出射路程加长逃逸深度变短。

（4）表面粗糙度的影响。电子从粗糙表面逃逸的概率小于光滑表面。

此外，分析器工作参数也影响到收集的电子计数。因此，在考虑到各种因素后，设 $Y_x(t)$ 是来自深度 t 处薄层内 x 元素的某种俄歇电子产额，则：

$$Y_x = N_x \Delta t \sigma_e(t)(1 - \omega_x) e^{-\frac{1}{\lambda \cos\theta}} I(t) T \frac{\mathrm{d}\Omega}{4\pi} \tag{5-6}$$

式中　N_x——单位体积内的 x 原子数；

　　$\sigma_e(t)$——深度处的电离截面；

　　　　θ——分析器的角度；

　　　　T——分析器的透过率；

　　　$\mathrm{d}\Omega$——分析器的接收立体角；

　　$I(t)$——t 处的电子激发通量，即 $I(t) = I_P + I_B(t) = I_P(t)[1 + R_B(t)]$；

　　I_P——t 处的一次电子通量；

　　I_B——一次电子引起的背散射电子通量；

　　R_B——背散射系数。

由此可见，绝对的定量分析需要预先确定一系列参数。

基于测量相对的俄歇峰强度，应用元素灵敏度因子进行定量分析的方法，按照式（5-7)近似公式进行计算：

$$C_x = \frac{I_x}{S_x} \Big/ \sum_n \frac{I_n}{S_n} \tag{5-7}$$

式中，I_x 为 x 元素的俄歇峰强度（$\mathrm{d}N/\mathrm{d}E$ 曲线的峰至峰高度或 $N(E)$ 曲线的峰面积）；C_x 为 x 元素的原子浓度；S_x 为 x 元素的相对灵敏度因子；求和式中包括了存在的各种元素。灵敏度因子是由各种纯元素的俄歇峰强度求出的相对值。采用这种与基体无关的灵敏度因子忽略了化学效应、背散射系数和逃逸深度等在样品中和纯元素中的不同，所以只是半定量的结果，准确度约±30%，其主要的优点就是不需要标样。这种计算结果也对表面粗糙度不敏感，因为在一级近似条件下所有俄歇峰都同样程度地受粗糙度影响。灵敏度因子方法测定浓度的准确度，决定于材料的性质、俄歇峰测量的准确度以及所用的灵敏度因子。各元素的灵敏度因子可以在参考手册中查到。但是为了提高准确度，最好在与分析样品相同的实验条件下测量各个元素的标样来确定。这种定量分析的典型误差约±10%。

由 $N(E)$ 数据求出的俄歇强度可给出较准确的定量结果，因为峰面积本来就包含了全部俄歇发射的电流，不受化学效应的影响。但是，由于牵涉到本底的扣除方法，$N(E)$ 曲线上的峰面积很难测准。通过对谱仪传递函数的表征和能谱的计算机模拟与合成技术，可以进一步提高定量分析的准确性。

5.1.2.3 化学位移与化学态分析

如前所述，当元素原子处于不同化学环境时，其电子的能量发生改变。在测量谱线上表现为谱峰位置相对于其纯元素峰的偏离，称为化学位移。除化学环境外，化学态变化还可能引起俄歇谱峰形状的改变，这两个因素都可用于鉴定表面原子的化学态。

元素组成离子键化合物时，化学位移可达几个电子伏特。合金中金属组元的成分变化不会产生明显的化学位移。但是，清洁金属表面上吸附哪怕不到一个单原子层的氧，也会使金属元素的俄歇峰出现可观测到的位移，并且氧覆盖越多位移越大。对于多数金属此类位移小于等于 1eV。若在表面形成硫化物、碳化物或氧化物，位移将超过 1eV。

一般的说，电负性差别愈大，化学移位愈大，并且氧化的价数及弛豫效应也会影响位移量。图 5-6 显示 Al_2O_3 的 Al 俄歇峰相对于金属 Al 的化学位移。在低能的 LVV 跃迁（68eV）和高能的 KLL 跃迁（1396eV），位移都很明显，达到 17~18eV。

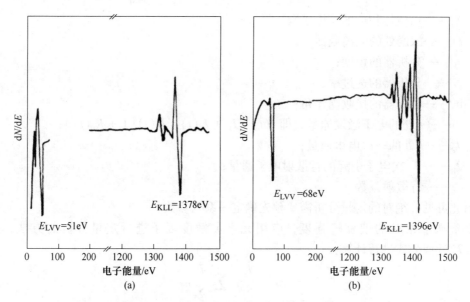

图 5-6 金属铝（a）和三氧化二铝（b）中 Al 的 KLL 和 LVV 电子峰位

当俄歇过程只涉及内电子层时，由于电子能量损失机制的变化，也会引起谱峰形状的改变。如图 5-6 中所示，Al 的 KLL 俄歇电子从金属逸出时激发很强的等离子激元而损失能量（量子化的），形成许多次峰，而氧化铝则没有这种特征。

当俄歇过程涉及一两个价电子时还观察到键合的改变引起谱形的变化。俄歇谱形的变化可用来鉴定 C、S、N 和 O 等元素在表面的电子态。图 5-7 给出 C 的 KVV 俄歇峰在几种化合态的谱形。

俄歇跃迁涉及一个原子的三个电子，所以不能分析氢和氦。另外，由于取样的体积或

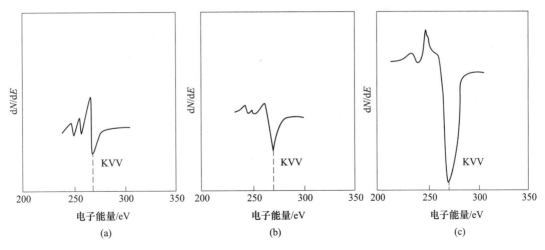

图 5-7　Mo₂C（a）、SiC（b）和石墨（c）中 C 的 KVV 俄歇峰的谱形

原子数较少，AES 对多数元素的探测灵敏度都比较低，原子摩尔分数为 0.1% ~ 1.0%。若用大束流及较长时间的信号平均，可以得到有限改善。当某个元素含量较低，而且其主要 AES 峰被样品主要成分的峰所叠盖时，分析灵敏度大为降低。例如，Ti 和 N 的谱峰、Fe 和 Mn 的谱峰、Na 和 Zn 的谱峰常常互相重叠。如果其中某个元素只有一个谱峰（例如 N），问题就更加显著。多数情况下，其中一个或两个元素都有若干个谱峰，可用不叠盖的谱峰（可以是较小的）来分析。采用 $N(E)$ 模式取谱进行谱的剥离，也可解决谱峰叠盖问题。

5.1.3　俄歇谱仪的应用

AES 分析对试样要求较高，强调真空打断形成清洁表面以避免大气元素的污染；可对几纳米的表层元素进行定性、定量分析，常用于元素的界面扩散和偏聚分析，深度可达 10nm 左右，对于化学态的分析有较大局限性。

5.1.3.1　样品要求

AES 试样尺寸一般约为 $\phi15mm\times5mm$ 的低蒸汽压固体（室温下小于 $10^{-6}Pa$），表面必须清洁，尽量光滑。对粗糙表面上可分析约 $1\mu m$ 大的选区，应在较大面积（如 $\phi0.5mm$）上求平均。根据分析目的，选择不同的入射束参数可得到不同形式的结果。

5.1.3.2　AES 谱的元素分析

用聚焦束在选区内扫描，从较大的面积获得俄歇电子能谱，可以明确限定所观测的区域。多数筒镜分析器的分析区域直径小于等于 0.5mm。若用细束作点分析，则电子束的大小决定了分析面积。当用小束斑（直径小于 100nm）及较高能量时，背散射效应明显，此时产生 AES 信号的面积略大于束斑尺寸。许多 AES 谱仪的数据显示形式为 $EN(E)$ 或 $d[EN(E)]/dE$ 曲线，可对照元素（或化合物）的标准谱鉴别元素及其化学态。

图 5-8 是球墨铸铁的 AES 分析结果（international journal of metalcasting，2020，3（14））。为了获得无污染的表面，含 Sb 的铸铁试样在 AES 谱仪的超高真空系统中打断。图 5-8（a）是对断口处的碳球（石墨）和碳化物（渗碳体）的 AES 分析。图中两条 C 的

谱线，上面的来自石墨，纵坐标为右侧；下面的是渗碳体分析曲线，纵坐标同左。可以看出同为 C 的俄歇峰但峰形显著不同。渗碳体中的 C 峰起伏更为复杂，同碳化物中化合 C 的电子能级相关。图 5-8（b）的断口表面经亚离子溅射清洗，除珠光体中的 Fe、C 俄歇峰外，在去除了石墨球体的球形凹槽中发现了 Sb 峰。结合计算结果该作者认为，这表明在石墨和基体之间的界面处形成了 Sb 层，该 Sb 层限制了碳向球状石墨的扩散；并作为一种表面活性剂，有利于石墨球状体的逐层生长。

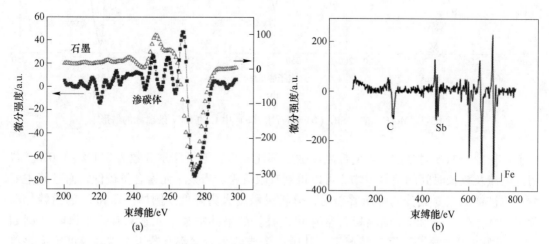

图 5-8　石墨铸铁断口的 AES 分析
（a）石墨 C 和渗碳体 C 的 AES 谱；（b）试样基体的 AES

5.1.3.3　AES 成分深度剖析图

用载能惰性气体离子（如 Ar^+，能量为 0.55keV）轰击样品使表面溅射，再用电子束进行 AES 分析，可以得到元素浓度沿深度分布的剖析图。AES 剖析图既可以分析表面成分，也可给出近表面层任何深度的成分信息，尤其适于分析 $0.01 \sim 1\mu m$ 的薄膜及其界面。溅射是连续进行的，AES 则在一组选定的元素峰上循环收取。也可以采用溅射和取谱交替进行的方式，这样两个过程分别独立控制，可以改善深度分辨。成分剖析图的横坐标是溅射时间，可以换算成深度；纵坐标可以采用灵敏度因子换算成元素的原子数分数，在较好情况下深度分辨可达 5nm。

图 5-9 显示了在 316L 不锈钢表面钝化膜的 AES 深度分布（Acta Metallurgica Sinica, 2020, 33）。纵坐标是元素含量的原子数分数，横坐标是溅射时间，即仪器离子枪对试样分析表面溅射时间，对应于分析深度。由于各种材料的溅射效率不同，深度还不能准确确定，因此在同一组实验中，分析深度用同一条件下的溅射时间表征。

可以看出钝化膜中，Fe 的含量随溅射深度的增加而减小，在基体的含量约 70%；表层的 Cr 含量 30% 左右，随膜厚增加再降低至约 20%，其基体水平约 17%。结合 XPS 分析确定，钝化膜的主要含铬、铁元素，外层主要由 Fe_3O_4、内层主要由 Cr_2O_3 组成。随着浸没时间增加，Cr 浓度增加而 Fe 浓度减少。随着溅射深度的增加，Ni 的含量略有降低，Mo 的含量增加。根据阳离子的分布估算钝化膜的厚度，当浸没时间少于 15h 时，钝化膜的厚度约为 4nm，浸没 50h 后，膜增厚至约 5nm。

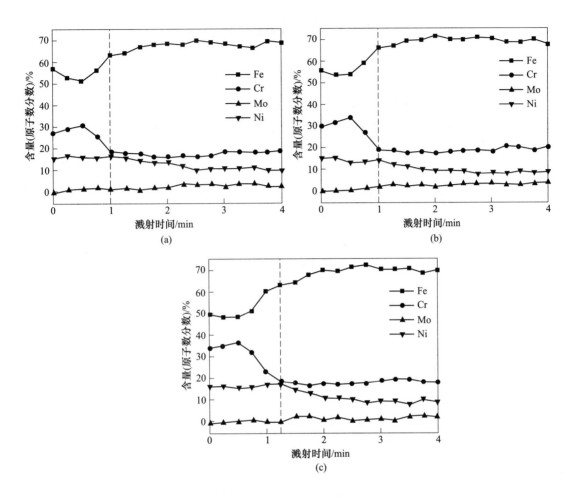

图 5-9　316L 不锈钢表面钝化膜的 AES 的深度剖析图
（a）浸没时间：1h；（b）浸没时间：15h；（c）浸没时间：50h

5.1.3.4　AES 成像

用扫描 AES 或称扫描俄歇显微镜（scanning auger microscopy，SAM）所获得的成像结果与电子探针的 X 射线成像相似。一次电子束在样品表面的一定选区扫描，分析器探测和收集所产生的某种组分的 AES 信号，并用来调制示显示器的亮度。显示屏的 x、y 轴对应于样品选区的二维坐标，显示的强度分布。这种方法的优点是将高的空间分辨率（一般可分辨 50~200nm，个别可小至 20nm）与 AES 对表面和对轻元素的灵敏度结合起来。AES 除了元素成像外还有化学态成像的能力。

总体看来，AES 适于分析 1~3nm 以内表面层除 H、He 以外的各种元素，成分的深度剖析或薄膜及界面分析，深度分辨为 5~10nm。同 EDS 的 X 射线分析相比，对于轻元素 C、O、N、S、P 等有较高的灵敏度。可通过原位断裂分析晶界及其他界面；在某种程度上可判断元素的化学态。定量分析的准确度为 ±30%~±10%；对多数元素的探测灵敏度为原子摩尔分数 0.1%~1.0%。

5.2　X 射线光电子能谱仪

5.2.1　基本原理

XPS 通过特征 X 射线激发试样的内层电子，检测和计算其束缚能来分析元素，激发 X 射线光电子可伴有俄歇电子。X 射线光电子的逃逸深度一般小于 2nm，因此和 AES 一样是对表面灵敏的分析技术。

5.2.1.1　X 射线光电子

X 射线光电子的发射是由 X 射线光子激发的。当入射光子的能量明显超过原子的芯电子束缚能 E_b 时，可引起光电子发射，图 5-10 给出了发射过程的示意图。

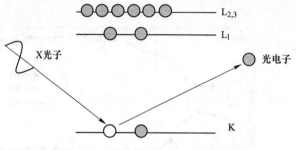

图 5-10　X 射线光电子发射示意图

入射光子能量为 $h\nu$（h 为普朗克常数，ν 为光波频率），光电子的动能为 E_k，芯电子束缚能 E_b 从费米能级 E_F 算起，谱仪的功函数为 φ_{sp}，参考图 5-11，可以得出：

$$E_k = h\nu - E_b - \varphi_{sp} \tag{5-8}$$

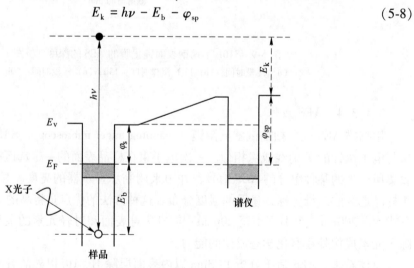

图 5-11　光电子的能量关系

功函数是把一个电子 E_F 能级移到自由能级所需要的能量，平均值约 4eV；由于每种元素的电子结构是独特的，测定一个或多个光电子的束缚能就可以判断元素的类型。

芯电子电离之后，较外层的电子可能跃入所留下的空位。此时原子处在激发态，它可能通过发射光子或俄歇电子而退激发，因此光电子同时伴有俄歇电子。

在实际谱仪中常用电子学方法补偿谱仪的功函数，因此有：

$$E_k = h\nu - E_b \tag{5-9}$$

或：

$$E_b = h\nu - E_k \tag{5-10}$$

测量光电子的动能 E_k，就可用式（5-10）换算成电子束缚能 E_b，确定出何种元素。

5.2.1.2　逃逸深度

像俄歇电子一样，只有那些来自表面附近逃逸深度以内的、没有经过散射而损失能量的 X 射线光电子才对确定 E_b 的谱峰有贡献。对于 XPS 而言，有用的光电子能量范围在 $100 \sim 1200\text{eV}$，对应的逃逸深度 $\lambda_m = 0.5 \sim 2.0\text{nm}$。实际分析深度 z 与电子在固体内的运动方向有关，如图 5-12 所示，即有：

$$z = \lambda_m \text{con}\theta \tag{5-11}$$

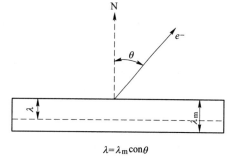

图 5-12　逃逸深度 λ 和光电子的出射角 θ 的关系

式中，θ 为出射方向与表面法线的夹角。可见垂直表面射出（$\theta = 0°$）的电子来自最大的逃逸深度，而近似平行于表面射出（$\theta \approx 90°$）的电子则完全来自外表面的几个原子层。

因此，XPS 和 AES 一样是对表面灵敏的分析技术，采取改变探测角的方法可以提高表面灵敏度。

5.2.2　谱仪基本装置与分析方法

X 射线电子谱仪的主要部件有 X 射线源、样品台、电子能量分析器、电子探测及倍增器，以及将电流转换成可读能谱的数据处理和显示的电子学系统。常用的电子能谱仪是同心半球分析器，可以对试样表面元素进行定性、半定量分析，以及分析原子的化学态。

5.2.2.1　X 射线源

对 X 射线源的要求主要是能量（足够激发芯电子层）、强度（能产生足够的光电子通量）及线宽。所产生的 X 射线谱线要尽量窄，因为线宽是决定 XPS 谱峰半高宽度（full width on half-maximum，FWHM）的主要因素。满足上述要求且容易制作的 X 射线源见表 5-1。Zr-L_α 线宽较大（1.7eV），却有对 Al、Si 等元素很灵敏的优点。

表 5-1　XPS 常用 X 射线源

靶材	激发限	线能量/eV	线宽/eV
Mg	K_α	1253.6	0.7
Al	K_α	1486.6	0.9
Ti	$K_{\alpha1,2}$	4511.0	1.4
Zr	L_α	2042.4	1.7
Cu	$K_{\alpha1,2}$	8048.0	2.5

　　X 射线源还产生一系列其他谱线以及来自韧致辐射的连续谱。因此常用衍射光栅单色器滤去其他不需要的波长。若通过单色器只选出 K_α 双线中的一条，可达到 0.5eV 的线宽，不过强度将减弱许多。上述这类 X 射线管源所产生的都是离散的谱线。用同步加速器辐射可得到从 10 ~ 10000keV 连续变化的 X 射线源，这样可以针对特定的内电子层调节波长，以获得理想的光电离截面。

5.2.2.2　电子能量分析器

　　电子能量分析器是 XPS 系统的核心部件，其种类很多。图 5-13 是常用的 XPS 同心半球分析器（CHA）框图。分析器有两个同心半球表面，两者之间加电势差，外球为负内球为正，入口孔和出口孔分开 180°。两半球之间的电势差产生 $1/r^2$（r 为半径）的电场，样品、X 光管和分光晶体位于同一个聚焦圆上，能量为 $h\nu$ 的 X 光子激发样品 X 光电子，经过透镜系统聚焦，进入半球分析器入口。在 $1/r^2$ 电场内发生偏转，不同能量的电子的偏转半径不同，只有能量在选定范围内的电子可以循着确定的轨道到达出口孔，被电子检测器接受。改变半球内外的电势，可以扫描覆盖光电子的能量范围。通过设置分析器前面的透镜系统（或栅极）使进入的电子减速，可以把电子动能固定在一个预先选定的值，即通道能量（pass energy）上。这种做法可以有效地提高分析器的灵敏度，对电子动能扫描时保持通道能量不变，可使所有谱峰具有相同的能量分辨 ΔE。检测到的电子信号，经光电倍增、放大、甄别等处理使其数字化进行存储。

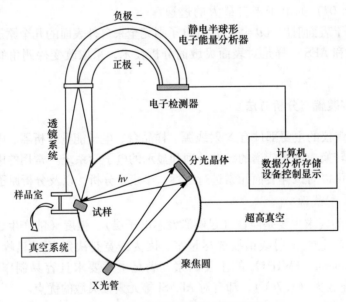

图 5-13　半球形电子能量分析器框图

　　除上述必备部件之外，有的 XPS 设备还配备有电子枪，可利用同样的分析器及电子学系统进行 AES 分析；多数设备有 Ar 离子枪，用于溅射清洗样品表面，或进行剥蚀做深度剖析；低能电子枪，冲注电子中和绝缘材料表面的积累电荷。样品架可配备冷台、热台，研究吸附-解吸和催化过程。

　　整个系统放置在超高真空中。从出口孔输出的信号数据由计算机处理、存储和显示。样品室处设有独立的真空室预抽室，更换试样时只需破坏该处的局域真空。

5.2.2.3 元素定量分析

XPS 的常规定量分析方法是比较法，即用参考材料作标样或采用灵敏度因子方法进行定量。设 X 射线束强度为 I_0，其特征能量为 $h\nu$，入射到均匀、有光滑表面的样品上，忽略 X 射线的反射和折射。在穿透样品时，特征 X 射线使 i 元素原子的 x 能级发生电离，发射出动能为 $(E_k)_{i,x}$ 的光电子。假设在光电子能够有效逃逸的样品深度内，X 射线的强度不减弱，则测到的光电子流 $I_{i,x}$，与分析体积内的原子密度 N_i 成正比，并与仪器参数和样品基本材料性质成正比，则完整的表达式为：

$$I_{i,x} = I_0 N_i A \sigma_{i,x} f(\alpha) \lambda_{i,x} T \tag{5-12}$$

式中，$\sigma_{i,x}$ 为 i 元素的 x 能级光电离截面，与入射 X 射线的能量有关；$\lambda_{i,x}$ 为光电子非弹性散射的平均自由程；A 为发射所探测到的光电子的样品面积；$f(\alpha)$ 为光电子的非对称性因子，描述光电子发射对角度 α（光子入射方向与光电子出射方向之间的夹角）的依赖性；T 为分析器的探测效率，或称传输函数，与谱仪的接收立体角、电子减速所引起的强度损失以及探测器的效率有关。

由于式（5-12）中一些参量不能准确求得，在实际的分析中很少应用，而经常采用灵敏度因子方法。对应 i 元素的特定光电子发射过程，定义原子的灵敏度因子 S_i 为：

$$S_i = I_0 A \sigma_i f(\alpha) \lambda_i T \tag{5-13}$$

比较同一基体内的 1 元素和 2 元素的 XPS 谱强度，则可得：

$$N_1 : N_2 = \frac{I_1}{S_1} : \frac{I_2}{S_2} \tag{5-14}$$

所以，只要用某种原子的一个特定的光电子发射跃迁作为参照（例如以参照氟原子的 1s 线为 1）就可在实验上求得适用于一定谱仪的一组灵敏度因子。对于双通道筒镜分析器和附加减速电场的半球式分析器已用氟（F）和钾（K）的化合物获得了各种元素的灵敏度因子，可以在有关的手册中查到。在多数情况下，求灵敏度因子都用最强线。

式（5-14）还可写成更普遍的形式，设 C_i 为 i 元素在样品中的原子浓度：

$$C_i = \frac{N_i}{\sum_j N_j} = \frac{I_1}{S_1} \bigg/ \left(\sum_j \frac{I_j}{S_j} \right) \tag{5-15}$$

式中，$\sum_j \dfrac{I_j}{S_j}$ 为对样品中能观察到 XPS 谱的所有元素求和。应用此式时，强度 I 指相应的谱线下的面积，通过积分求得，并将与谱峰两侧的本底谱相切的直线定为基线。再将查到的灵敏度因子代入式（5-15）中，求得 C_i。若出现震激线，其面积也要包括在测量面积内。此外，还必须避免谱峰间的干扰（如与俄歇峰或其他 XPS 峰重叠）。应用灵敏度因子数据时，若所用仪器不是双通道筒镜或半球分析器，必须对探测效率的差别进行修正，或专门测定在该仪器条件下的灵敏度因子，这种方法在多数情况下能够提供半定量的结果。

5.2.3 XPS 谱

XPS 谱用原子能级表征峰位，同一谱中一般会出现俄歇峰，引入俄歇参量结合 XPS 分析化学位移更为有利。XPS 谱常给出轨道分裂双峰、能级多重分裂等多种特征峰，提供了更多的元素信息，但在分峰拟合中需要谨慎处理。

5.2.3.1　典型谱

XPS 谱常用光电子在发射前所处的原子能级来命名。图 5-14 给出铀原子的能级图。图 5-14 中标出电子的 n、l、j 量子数，X 射线常用的能级符号 K、L、M、N 及光谱符号。假如自旋未配对的电子处于简并的轨道（p、d、f、…），自旋角动量 S 与轨道角动量 L 以不同的方式耦合可产生不同的新态，这些态用电子的总角动量 J 来描述，则：

$$J = |L \pm S| \tag{5-16}$$

式中，$L = 0，1，2，\cdots$；$S = 1/2$；$J = 1/2，3/2，5/2，\cdots$。同样的轨道 L（例如 $L = 1$），由于 J 不同（如 $J = 1/2$ 或 $3/2$）而属于不同的次能级。

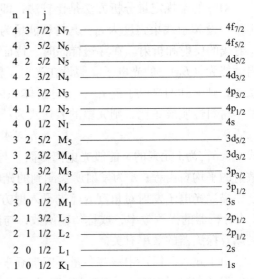

n	l	j		
4	3	7/2	N₇	4f₇/₂
4	3	5/2	N₆	4f₅/₂
4	2	5/2	N₅	4d₅/₂
4	2	3/2	N₄	4d₃/₂
4	1	3/2	N₃	4p₃/₂
4	1	1/2	N₂	4p₁/₂
4	0	1/2	N₁	4s
3	2	5/2	M₅	3d₅/₂
3	2	3/2	M₄	3d₃/₂
3	1	3/2	M₃	3p₃/₂
3	1	1/2	M₂	3p₁/₂
3	0	1/2	M₁	3s
2	1	3/2	L₃	2p₁/₂
2	1	1/2	L₂	2p₁/₂
2	0	1/2	L₁	2s
1	0	1/2	K₁	1s

图 5-14　铀原子的能级图

图 5-15 和图 5-16 是 XPS 分析 Al-PI 薄膜的结果（Surface & Coatings Technology，2017，332），图 5-15 是 Al 一侧的 XPS 谱，X 射线源为 Al-K$_\alpha$ 线，分析深度约为 10nm。谱线的横坐标是电子束缚能，纵坐标是光电子强度。在背底上叠加了一系列谱峰，这些峰的束缚能是各元素的特征，代表原子轨道的能级，用相应的能级符号表示。例如 C 1s、Al 2p 等是光电子峰，由 Al 的 1s、2p 等电子激发形成的；O$_{KLL}$ 是俄歇电子峰，由 O 的 KLL 电子激发形成。应注意到：1s 是单峰，其他 p、d、f 则产生双峰。图 5-16 是 Al-PI 薄膜 PI 一侧的 XPS 谱，全谱上 C 的 1s 和 O 的 1s 线较为明显。在收取全谱后，往往需要将部分谱扩展开来进行分析，即收取在窄能区内扫描的谱，又称精细谱或高分辨谱。图中 50～170eV 区域（虚线框）的扩展谱示于插图，分别是 Al 和 Si 的 2s 和 2p 线。

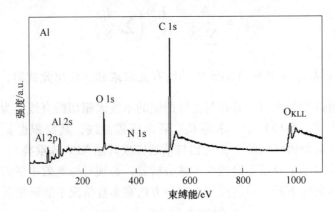

图 5-15　Al 的 XPS 谱线
（显示 C、N、O、Al 的光电子峰和 O 的 KLL 俄歇电子峰）

为了正确地解释 XPS 谱，要求测定电子束缚能的准确度达到 ±0.1eV。这就需要调整仪器参数以达到足够的能量分辨，并准确标定能量。

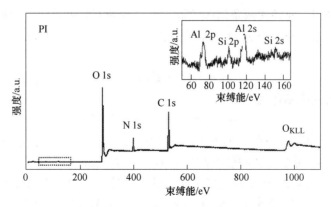

图 5-16　Al-PI 薄膜 PI 一侧的 XPS 谱

（虚线框 50~170eV 区的扩展谱示于右上角）

5.2.3.2　XPS 谱中的俄歇化学位移

XPS 谱分析的化学位移有氧化态、不同的形成化合物、不同的近邻数或原子占据不同的点阵位置、不同的晶体结构等。图 5-17 是 W 原子在不同环境中产生的位移。可以看到，$W_{20}O_{58}$ 中的 W-4f 峰相对于 W 元素的 4f 峰位移约 4.8eV。当氧化数增加时，束缚能移向较高能量。化学位移的简化模型是：外层电子（价电子层）的变化改变原子核对内层电子的吸引力，因为价电子对芯电子有排斥力，即屏蔽了核的正电荷对芯电子的吸引力。增加价电子，必然使屏蔽效应增强，降低电子的束缚能；反之，价电子减少，有效的正电荷则增加，因而电子束缚能增加。随着 W 的氧化数增

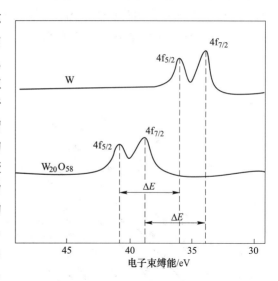

图 5-17　钨原子 4f 峰的位移

加，更多价电子转移到 O 离子，所以 W 的 4f 电子的束缚能逐渐移向高能边。同一种离子在不同的化合物中会有不同的屏蔽效应，共价键也可产生类似的效应，在这种情况下近邻原子的电负性很重要。从 XPS 手册可以查到许多元素的化学位移数据，有助于确定元素的化学环境。

值得注意的是，XPS 谱检测中，Mg 的 K_{α} 和 Al 的 K_{α} 射线也会激发许多内层电子的俄歇线，而且其化学位移比光电子谱的更大，所以把光电子和俄歇线两者的化学位移结合起来分析就比较方便。俄歇化学位移和光电子化学位移的差别，是由两者终态的弛豫能之差所引起的，俄歇跃迁的终态有两个电子空位，而光电子跃迁的终态只有一个空位。引入一个参量 α，称之为俄歇参量，其定义是：

$$\alpha = E_k(A) - E_k(P) \tag{5-17}$$

式中，$E_k(A)$ 为俄歇电子的动能；$E_k(P)$ 为 X 射线光电子的动能。采用 α 的一个主要优点

是它为同一样品中同一元素的两条谱线的能量差，与静电荷积累及功函数的修正无关，而只指示特定的化学态。在某些系统，α 可能为负值，此时可利用式（5-9）将式（5-17）改为：

$$\alpha = E_k(A) + E_b(P) - h\nu \tag{5-18}$$

于是，改动的俄歇参量为：

$$\alpha' = \alpha + h\nu = E_k(A) + E_b(P) \tag{5-19}$$

以 $E_k(A)$ 为纵坐标，$E_b(P)$ 为横坐标，α' 为对角参量，可以做出元素的二维化学状态图，又称等俄歇参量线图，图中所示能量与入射光子的能量无关。图 5-18（a）是 Cu 的化学状态图，图中横坐标是 Cu 的 $2p_{1/2}$ 结合能，纵坐标是 Cu 的 L_3VV 俄歇电子的动能。等 α' 线（$\alpha' = \alpha + h\nu$）是与坐标轴成 45°角的一系列斜线。由图可见，对于 Cu 仅利用光电子谱线难以区分化学环境，如 Cu、Cu_2S、Cu_2O 和 CuCl 中的 Cu，仅根据 $2p_{3/2}$ 光电子结合能难以区分，再利用 α' 线的不同就可以清楚分开了。每种 Cu 的化合物有其特定的 α'，这样就可以查出 Cu 及其化合物的 LMM 俄歇电子动能相对于 2p 光电子束缚能，精确度达到 0.1eV，对检测中识别表面元素的化学态极为方便。图 5-18（b）是 Cu 的 LMM 俄歇电子动能相对于 2p 电子束缚能表，可以方便查阅。

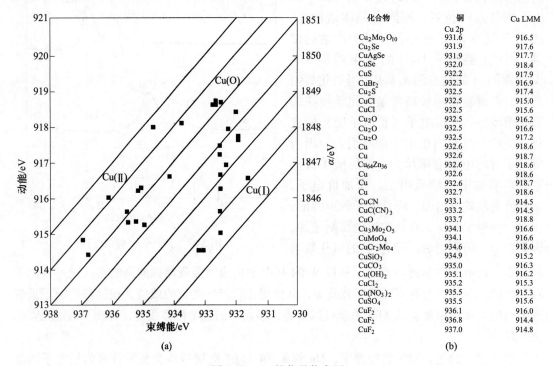

图 5-18　Cu 的化学状态图
（a）L_3VV 状态图；（b）俄歇 LMM 电子动能相对于 2p 光电子束缚能表

5.2.3.3　XPS 的主要特征峰

同 EDS、EELS、AES 等能量峰不同，XPS 除以光电子峰表征元素外，还会形成一些特殊峰位，如轨道分裂双峰、多重分裂峰、震激峰、震离峰、能量损失线等多种具有特殊性质的峰位，这些是分析元素化学态的有效信息。

A 轨道分裂双峰

来自原子能级及自旋-轨道劈裂的形成的峰位。这种自旋轨道耦合的作用，可以近似地理解为电子自旋和轨道磁矩相互平行（式（5-16）中的加号）或反平行（减号）引起的能量差别，引起谱峰的劈裂。当原子的价壳层有未成对的自旋电子（例如 d 区过渡元素、f 区镧系元素、大多数气体原子以及少数分子 NO、O_2等）时，光致电离所形成的内层空位将与之发生耦合，使体系出现不止一个终态，表现在 XPS 谱图上即为谱线分裂。2p 峰分裂为 $2p_{3/2}$ 和 $2p_{1/2}$（$L=1$，$J=3/2$、$1/2$）两个次峰，3d 峰分裂为 $3d_{5/2}$ 和 $3d_{3/2}$（$L=2$，$J=5/2$、$3/2$），4f 峰分裂为 $f_{5/2}$ 和 $f_{7/2}$（$L=3$，$J=7/2$、$5/2$）等。分裂双峰的能量间距依元素不同而不同。但是并不是所有元素都有明显的自旋-轨道偶合分裂谱，并且 S 电子无自旋-轨道分裂，只形成 XPS 单峰。双峰中低 J 值的结合能 E_B 较高（$E_{B\,2p_{1/2}}>E_{B\,2p_{3/2}}$），自旋-轨道分裂的大小随 Z 增加，随着与核的距离增加（核屏蔽增加）而减少。双峰的能量间距还因化学状态而异。图 5-19 中是 Ti 的 2p 电子分裂双峰，单质 Ti 的 $2p_{3/2}$电子的束缚能是 453.8eV，双峰间距是 6.15eV；Ti_2O 中的 Ti 的 $2P_{3/2}$电子的束缚能 458.5eV，双峰间距是 5.7eV。可以依据这些信息判定原子的化学状态。

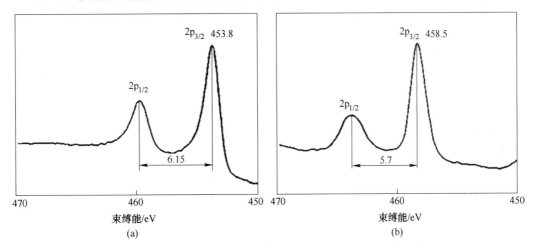

图 5-19 钛原子的 2p 峰分裂

（a）Ti；（b）TiO_2

B 多重分裂峰

如果满壳层发生光致电离产生一个空位，对应于无耦合自旋的两个轨道将发生耦合，导致能级劈裂，称为多重分裂。当价电子壳层内有一个或多个自旋未配对的电子，而光电离发生在另一壳层时，会发生谱峰的多重分裂。这种情况主要在过渡族和稀土金属中发生，因为它们具有未填满的 d 层和 f 层。图 5-20 是 Fe_2O_3 多重分裂的计算机模拟图，同正态峰型比较，其主要特征是峰形的不对称和明显宽化，这是识别多重分裂的主要依据。

图 5-21 是 MnO、Mn_2O_3 和 MnO_2 的不同价态 Mn 的 2p 电子峰，其 $2p_{3/2}$电子能量分别为 641.4eV、641.4eV 和 641.8eV，能量差异极小，谱仪不能分辨，形成的合峰将具有显著的峰形展宽、不对称的特点。对于这种峰位，可以通过分峰拟合鉴别化合物。但其结果可能不是唯一的，需要谨慎处理。

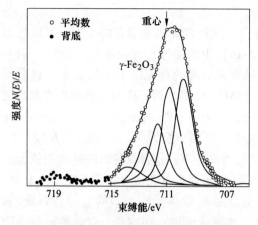

图 5-20 Fe_2O_3 的 XPS-2p 峰宽化和不对称

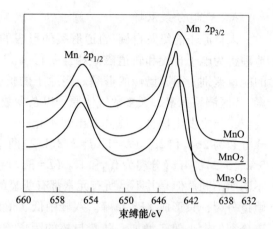

图 5-21 Mn 氧化物的 2p 电子

C 震激峰和震离峰

XPS 检测中会出现震激峰和震离峰，图 5-22 说明了产生的机理。当光电离发生在芯电子能级时，由于失去了一个屏蔽电子，有效的核电荷突然改变，价电子必须重组，其结果可能激发其中的一个电子，跳到更高的空能级上。这个跃迁使被发射出去的光电子损失一个量子化的能量，并将在主峰的高束缚能一侧距离几个电子伏特处出现一些分立的伴线。这一过程称为震激（shake up）效应，分立的伴线称为震激峰（或称震激线）。如果芯电子光电离激发价电子电离，这一过程称为"震离"（shake off）效应，由此产生的伴线距主峰较远，落在非弹性散射拖尾区，且峰形较宽（电离态为连续能级），称为震离峰，通常构成背底信号。图 5-23 的 CuO 谱出现明显的震激峰。图中单质 Cu 的 XPS 谱由于自旋-轨道耦合分裂形成 $2P_{1/2}$ 和 $2P_{3/2}$ 双峰；在 CuO 中，2P 双峰由于氧化芯电子束缚能发生改变而向高能位位移；由于价电子重组各自在高能位处出现震激峰。

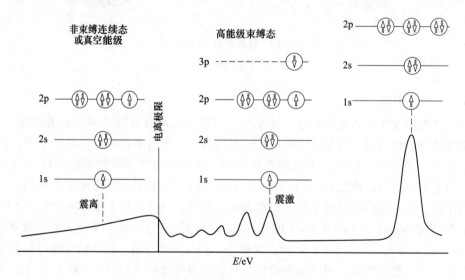

图 5-22 震激峰和震离峰的形成

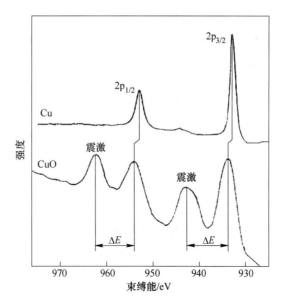

图 5-23　CuO 的 XPS 谱中的震激峰

顺磁化合物（有不配对的自旋）中，震激峰强度比在抗磁化合物强很多；在金属中，费米能级以上还有空能级存在，震激通常是多电子过程，因此会在主峰的高束缚能一侧呈现不对称的拖尾，而不是分立的谱线。震激峰有时可用来判断元素的化学性质。

D　XPS 谱中的其他伴线

在 XPS 谱中，还经常出现其他伴线，分析时需要加强鉴别。

a　等离子激元能量损失线

光电子在出射途中与固体表面的电子相互作用，激发固体内的电子集体振荡，由此产生的能量损失称为固体内的等离子激元能量损失。若振荡频率为 ω_b，则等离子激元能量损失为 $\hbar\omega_b$。光电子还可相继地发生等离子激元能量损失，因此 XPS 谱中沿着动能减少的方向会出现一系列谱线，每两条谱线相隔一个 $\hbar\omega_b$，但强度越来越弱。除体等离子激元之外，还有表面等离子激元，其频率为 ω_b，对应于能量损失元 $\hbar\omega_s$。表面等离子激元与体等离子激元的关系为 $\omega_s = \omega_b / \sqrt{2}$。

所有元素的第一个体等离子激元峰都可以观察到。在某些情况下，也可见到多个等离子激元峰。表面等离子激元峰取决于表面的条件和所对应的光电子峰的能量，在清洁表面容易出现。

b　X 射线卫星线

通常用来照射样品的单色 X 射线并非单色，常规 Al/Mg 的 $K_{\alpha 1,2}$ 射线里混杂能量略高的 $K_{\alpha 3,4,5,6}$ 和 K_β 射线，分别是阳极材料原子中的 L_2 和 L_3 能级上的 6 个状态不同的电子和 M 能级的电子，跃迁到 K 层上产生的荧光 X 射线，这些射线统称 XPS 卫星线。所以 XPS 谱中，除 $K_{\alpha 1,2}$ 所激发的主谱外，每条主峰旁边产生一些弱的伴线，其强度和间距显示 X 射线源阳极材料的特征。

c　鬼线

由外来物质的 X 辐射所引起的 XPS 谱上的小峰。一般的鬼线是在双阳极 X 射线源情况下，由 Al 靶中的 Mg 杂质，或者 Mg 靶中的 Al 杂质所产生的。还可能来自阳极底座材料的 Cu 或筒窗材料产生的 X 光子。这些线的位置可以通过计算进行识别。

5.2.4　XPS 应用

XPS 试样制备应注意防止污染。XPS 谱分析时，应掌握谱线的结构和强度特征，一般从全谱（survey spectrum）开始再进行精细谱（narrow spectrum）分析。除表面元素外也可以分析深层元素。

5.2.4.1　样品准备

多数 XPS 样品可简单地用机械方法固定在样品座上。要保持自然表面的原有状态，不能经过任何处理。表面有污染的样品可采用离子溅射或其他剥蚀技术去除。作深度剖析用的 Ar 离子溅射来清洁表面最为方便，但必须注意到溅射引起的表面化学态变化。在谱仪内配备专用附件，可在高真空条件下使样品断裂或划刻，避免大气引起的污染。

研磨成粉末的样品，其 XPS 谱是其成分的表征。粉末样品可将粉末撒在聚合物衬底的胶带上，也可将粉末压入 In 箔内，将粉末放在两层 In 箔之间，压紧后分开，其中一片箔即可做样品。

绝缘体样品在 X 射线照射下由于发射的光电子得不到补偿，会导致产生静电荷积累，引起的谱线 2~5eV 的位移。采用参照元素，在样品上加入少量的 Au、Ag 或 C，通过其束缚能位移可计算出带电所引起的电子束缚能位移。通常使用低能电子枪冲注样品表面以补偿电荷，调整电子枪的电流，使参照峰的位移移回原位。

5.2.4.2　XPS 分析的一般步骤

XPS 分析包括全谱（survey spectrum）分析和精细谱（narrow spectrum）分析。一般应首先作全谱，通常能量范围在 0~1200eV，扫描通能为 100eV，扫描步长为 1eV 左右，会得到全元素及其半定量结果。由于 C、O 元素经常出现，在全谱分析中应首先识别 C、O 光电子谱线及 Auger 谱线，校核样品电荷积累效应等导致的位移，依据 X 射线光电子谱手册中各元素的峰位，依次鉴定强谱线、次强谱线和弱谱线的峰位。注意 p、d、f 谱线一般为双线结构，其双峰间距及峰高比通常为固定值，p 线强度 1:2，d 线 2:3，f 线 3:4，掌握这些特征，有助于识别元素。在全谱分析后应对重点峰位采用低通能和窄步长进行精细谱分析，可采用通能 30~20eV，步长 0.1~0.05eV 进行扫描，能量范围应涵盖重点峰位。精细谱可通过软件分峰拟合得到元素的化学态。

图 5-24 是聚戊酸乙烯酯（poly ethylene terephthahate）的 XPS 谱。全谱显示出 C 1s、O 1s、O 2s 光电子峰和 O 的 KLL 俄歇电子峰。对照手册确定后，采用降低能通和步长，对 C 1s 峰精细扫描，能量范围 20eV，得到精细谱又称（能量）高分辨谱。对谱线分峰拟合得到 C 在 CH、C—O、O＝C—O 中的相对含量，是半定量结果。

5.2.4.3　应用举例

A　化学态分析

文献（Journal of Rare Earths，2021，39）研究 CoCe/ZSM-5 催化剂中的 Co、Ce 元素的化学环境，对样品表面进行 XPS 分析。使用 PHI 5000-XPS（ESCA 系统 PerkinElmer），Mg K_α 辐射（$h\nu = 1253.6eV$），检测角度为 54°，样品尺寸 10mm×10mm。

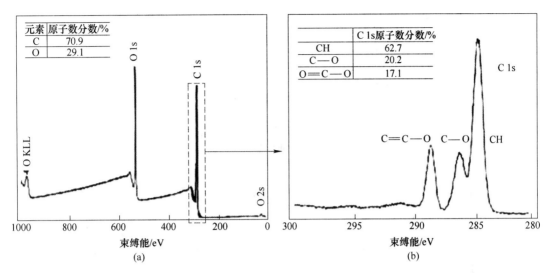

图 5-24 聚戊酸乙烯酯的 XPS 全谱（a）和精细谱（b）

图 5-25（a）是样品 120-Na 催化剂的 XPS 全谱图，确定出 O 1s、Co 2p 和 Ce 3d 峰。作精细扫描分析，图 5-25（b）是 O1 s 的精细谱，其中 529.8eV 峰为晶格氧 O_α，532.8eV 峰是吸附氧 O_β。比较 530eV 的氧 1s 束缚能，发生了位移。

图 5-25（c）是 Co 2p 峰，由于轨道分裂形成 Co $2p_{3/2}$ 和 Co $2p_{1/2}$ 峰。分析确定束缚能为 779.7eV 和 795eV 的峰对应于 Co^{3+}，峰位 781.3eV 和 796.4eV 对应于 Co^{2+}。图 5-25（d）是 Ce 3d 峰。轨道分裂形成 Ce $3d_{3/2}$ 和 Ce $3d_{5/2}$。分峰拟合出 10 个特征峰，分别属于 Ce^{3+} 和 Ce^{4+}。

由此确认催化剂表面的 O 有 2 种存在形式，一种是表面吸附的氧，另一种是晶格中固溶的氧。Co 是 Co^{3+} 和 Co^{2+} 共存的，Ce 是 Ce^{4+} 和 Ce^{3+} 共存状态。

B 深度剖析

XPS 进行深度剖析，通常采用两种方法进行。第一种是简单的倾斜样品，改变 θ 角（表面法线与光电子出射方向夹角）。在表面以下深度 z 处发射的光电子，必定穿过长度为 $z/\cos\theta$ 的路程才能离开表面。随着 θ 增加，此路程增加，因此对表面的灵敏度增大（参见式（5-12））。用这种倾斜试样改变 θ 角的方法，不必破坏试样就可以区分表面的成分和较深处的成分。

另一个方法是用惰性气体离子束（Ar 或 Xe）轰击剥蚀样品表面，并记录 XPS 谱随深度的变化。为了避免溅射时残余气体对表面的污染，真空气压一般小于或接近 10^{-1}Pa。

另外，XPS 深度剖析必须溅射较大面积的表面，因为在多数仪器中 X 射线不易聚焦成小束斑。尽管离子溅射可能改变表面物质的化学态，仍可以从 XPS 的深度剖析中获得许多信息。图 5-26 是 Ni 基片上 CdTe 薄膜的溅射深度剖析图，图 5-26（a）中 572eV 附近是 Te 的 $3d_{5/2}$ 峰，576eV 附近是 TeO_2 中的 $3d_{5/2}$ 峰，可以看出试样的表面处以 TeO_2 的 Te 峰为主，几乎没有 Te 峰；两峰高度随溅射深度变化，从表面开始 TeO_2 峰由高转低，Te 峰由低转高，两峰高低明显过度的位置与界面对应。图 5-26（b）是剖析图，Te^* 为 TeO_2 中的 Te，显示在表面处 Cd 富集，而 Te 则大多呈 TeO_2 形式。随着深度增加，TeO_2 迅速消失。

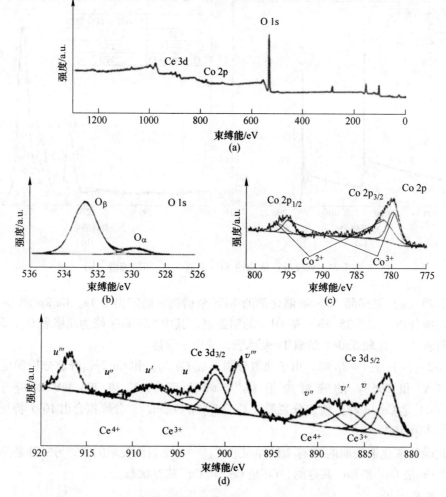

图 5-25　Co-Ce/ZSM-5 催化剂中 Co、Ce 元素化学态的 XPS 分析

（a）全谱图；（b）晶格氧和吸附氧；（c）Co-2p 双峰的分峰拟合；（d）Ce-3d 峰的分峰拟合

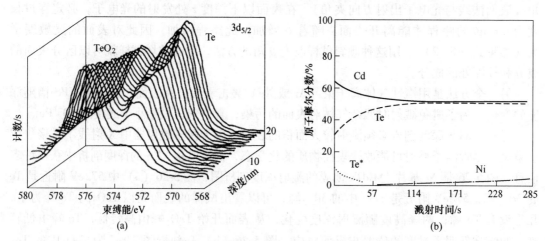

图 5-26　电沉积薄膜 CdTe 的 XPS 深度剖析

（a）TeO₂/Te 界面附近 Te 峰随深度变化；（b）元素深度剖析图

思 考 题

5-1 概念理解：

俄歇电子；X 射线光电子；逃逸深度；束缚能；化学位移；俄歇参量；轨道分裂双峰；多重分裂峰；震激峰；震离峰；能量损失线。

5-2 比较俄歇电子和 X 光电子异同

5-3 用 XPS 分析锰化物（overlithiated manganese），（Applied Surface Science, 2017, 411）得到如图 5-27 所示的结果。

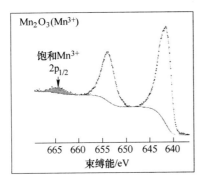
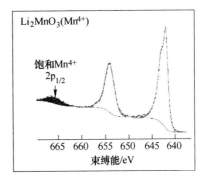

图 5-27　题 5-3 图

试说明图中 Mn^{3+} 和 Mn^{4+} 的 $2p_{1/2}$ 电子（箭头所示）束缚能的特征，分析其形成原因。

5-4 用 AES 分析 2 种不锈钢的损伤表面（Food and Bioproducts Processing, 2016, 100），得到如图 5-28 所示的 AES 谱。其中图 5-28（a）是奥氏体不锈钢，图 5-28（b）是铁素体不锈钢，图 5-28（c）和（d）是未损伤的奥氏体和铁素体不锈钢表面。

试比较 4 个谱线中的 Cl、O、Fe 俄歇峰，可以得出何种结果？

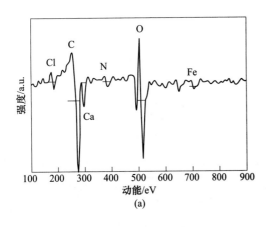
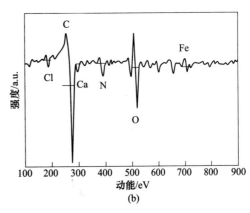

(a)　　　　　　　　　　　　　　(b)

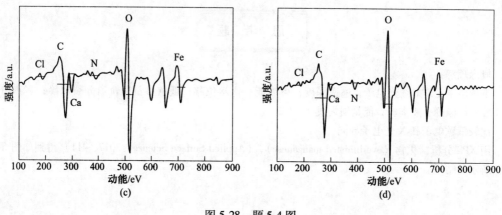

图 5-28   题 5-4 图

6 扫描隧道显微镜和原子力显微镜

扫描隧道显微镜（scanning tunneling microscope，STM）和原子力显微镜（atomic force microscope，AFM）是具有原子级分辨率的新型表面分析仪器。STM 是 20 世纪 80 年代由 Dr. Gerd Binnig 和 Dr. Heinrich Rohrer 发明的，使人类第一次能够原位观察物质表面单个原子的排列状态和与表面电子行为有关的物理、化学性质，可对单个原子和分子进行操纵以及对表面进行微电子学光刻、DNA 切割等微纳加工，可在不同环境中工作。配合扫描隧道谱 STS（scanning tunneling spectroscopy）还可以得到有关表面电子结构，如表面电子阱、电荷密度波等信息，但不能测量绝缘体表面的形貌。1986 年 G. Binnig 提出的原子力显微镜，不但可以测量绝缘体表面形貌，进行原子分辨，还可以测量表面原子间的作用力，进行材料、器件表面的弹性、塑性、硬度、黏着、摩擦力等性质的微纳测量。两种显微镜在物理、化学、材料科学、表面科学、生命科学等领域得到广泛应用。

6.1 扫描隧道显微镜

6.1.1 STM 工作原理

扫描隧道显微镜基于隧道效应和隧道电流等物理学基本概念，通过压电陶瓷调控电信号转换表面的距离和电位信号，实现了对表面原子的直接观察与控制。

6.1.1.1 隧道效应和隧道电流

经典物理学提出，金属内的自由电子能量低于费米能级 E_F，随着温度的升高，一部分电子的能量可以大于费米能级，其数量随着温度的升高而增加。另一方面，在金属边界上存在着一个能量比费米能级 E_F 高的位垒 φ，在金属内的"自由"电子，只有能量高于位垒的那些电子才可能从金属内部逸出到外部。量子力学则认为金属中的自由电子还具有波动性 ϕ，这种电子波向金属边界传播，在遇到表面位垒时，部分反射为 ϕ_R，部分透过为 φ_T。这样，即使金属温度不是很高，仍有部分电子穿透金属表面位垒，形成金属表面上的电子云。这种效应称为隧道效应，如图 6-1（a）所示。两种电极靠得很近（通常小于 1nm）时，两种金属的电子云将互相渗透，当加上适当的电位，形成隧道结，即使两种金属并未真正接触，也会有电流由一个电极流向另一个电极，这种电流就称为隧道电流。使电极一个为针状，另一个为平面状，二者之间的距离为 s，其隧道电流如图 6-1（b）所示。

设隧道结的电流密度为 j：

$$j = \frac{e^2}{\hbar} \cdot \left(\frac{K_0}{4\pi^2 s} \right) V_T \exp(- 2K_0 s) \tag{6-1}$$

其中：

$$\frac{e^2}{\hbar} = 2.44 \times 10^{-4} s$$

式中，V_T 为两电极之间的电位差（φ 为电子逸出功，$V_T \ll \varphi$）；$K_0 = \hbar\sqrt{2m\varphi}$；$m$ 为电子质量；e 为电子电荷。可以得出 I-s 有近似指数关系：

$$I \propto \exp[-2K_0 s] \tag{6-2}$$

取 $\phi \approx 5\mathrm{eV}$，则 $K_0 \approx 13.7\mathrm{nm}^{-1}$，当 s 增加 $0.1\mathrm{nm}$ 时，I 将减小一个数量级。对式（6-2）两边取对数：

$$\ln I = -2K_0 + c \tag{6-3}$$

式中，c 为常数。

从式（6-3）直线斜率可以确定 K_0 和 ϕ，两边微分，得：

$$\frac{\Delta I}{I} = -2K_0 \Delta s \tag{6-4}$$

通过反馈电流调节针尖至表面的距离 s 以保持隧道电流不变时，设 $K_0 \approx 10\mathrm{nm}^{-1}$，有 $\Delta s \approx 0.001\mathrm{nm}$，即针尖至表面距离的控制精度可以达到 $0.001\mathrm{nm}$。

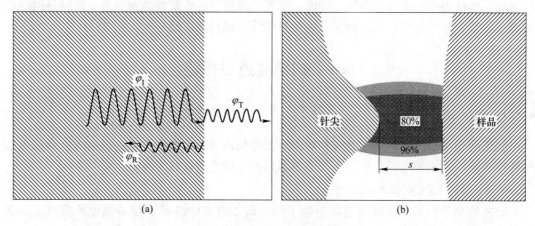

图 6-1　隧道效应和隧道电流

（a）隧道效应，电子波 φ_I 能量高于势垒的电子能从内部逸出到外部，形成透射波 φ_T，电子波遇到表面势垒部分反射 φ_R；（b）隧道电流，不同电位的针尖和平板形成隧道结，隧道电流 I 和距离 s 成近似指数关系

6.1.1.2　STM 工作原理

STM 的工作原理是隧道效应。将原子级的极细探针和被研究的物质表面作为两个电极，当样品与针尖的距离非常接近时（通常小于 1nm），在外加电场的作用下，电子会穿过两个电极之间的势垒流向另一电极。形成的电流是电子波函数重叠的量度，与针尖和样品之间距离 S 和平均功函数 ϕ 有关。

V_b 是加在针尖和样品之间的偏置电压；φ 为电子逸出功，则隧道电流 $I(S)$ 为：

$$I(S) \propto V_b \exp(-A\varphi^{\frac{1}{2}}S) \tag{6-5}$$

平均功函数 $\phi \approx (\phi_1 + \phi_2)/2$，$\phi_1$ 和 ϕ_2 分别是针尖和样品的功函数；A 为常数，在真空条件下约为 1。产生隧道电流的基本条件是，扫描探针一般采用直径小于 1mm 的细金属丝，被观测样品应具有一定导电性。

图 6-2 是 STM 成像过程示意图。电子装置控制针尖接近试样形成隧道电流，并在试样表面扫描，保持隧道电流恒定（恒流模式）或针尖与试样的距离恒定（恒高模式）。由于试样表面不平引起控制信号的即时改变，用以调制成像系统，在显示器上形成试样表面的形貌像。

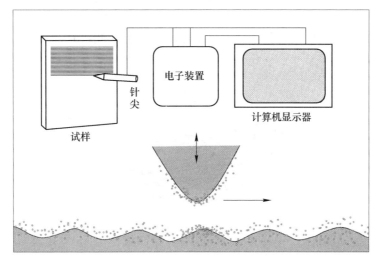

图 6-2　STM 成像过程

6.1.1.3　扫描隧道谱（STS）工作原理

STM 的信号测量中有 5 个变量：三维距离 X、Y、Z，隧道电流 I 针尖，样品之间的偏置电压 V。STM 图像是从这五维参数中选择三维而固定其他二维构成的。如恒流模式是 I 和 V 恒定，X、Y 和 Z 为变量；恒高模式是 Z、V 恒定，X、Y、I 为变量。而 STS 模式则是以偏压 V 为变量之一，再加上另外一个变量的工作模式。在 V 等于特征值下，维持平均电流不变测出的 $\frac{\mathrm{d}I}{\mathrm{d}V}(x,y)$ 曲线称扫描隧道谱像。

就原子本身而言，表面上的原子并不是具有明确边界的硬球。当 STM 的图像对应于表面原子形貌时，STM 实际上是测量表面的态密度。这就使得从 STS 数据中可以获得比一幅表面形貌像更丰富的关于表面占据态和未占据态的信息。从 STS 测量中还可以得到关于样品表面或待测物体的化学组成、成键状态、能隙、能带弯曲效应和表面吸附等方面的细节。

从式（6-5）可知，在 V_b 和 I 保持不变的扫描过程中，如果功函数随样品表面位置而异，也同样会引起探针与样品表面间距 S 的变化，因而也引起控制针尖高度的电压 V_z 的变化。如样品表面原子种类不同，或样品表面吸附有原子、分子时，由于不同种类的原子或分子团等具有不同的电子态密度和功函数，此时 STM 给出的等电子态密度轮廓不再对应于样品表面原子的起伏，而是表面原子起伏与不同原子和各自态密度组合后的综合效果。STM 像不能区分这两个因素，但用扫描隧道谱（STS）方法却能区分。利用表面功函数，偏置电压与隧道电流之间的关系，可以得到表面电子态和化学特性的有关信息。

图 6-3 是有 NiO 存在的 Ni(100) 表面所作的 STM 和 STS 观察。图 6-3 （a）是变量为

x、y、z，$V=0.8\text{V}$ 的 STM 形貌像，形成表面轮廓线，没有出现特征峰。图 6-3（b）是 $\dfrac{\mathrm{d}I}{\mathrm{d}V}$-$V$ 曲线，在 $V=0.8\text{V}$ 处出现 NiO 的特征峰。在针尖扫描过程，使 $V=0.8\text{V}$，一方面保持平均电流不变，一方面测 $\dfrac{\mathrm{d}I}{\mathrm{d}V}$ 随（x,y）的变化，则会发现在 NiO 处 $\dfrac{\mathrm{d}I}{\mathrm{d}V}$ 呈现峰值，三维曲线 $\dfrac{\mathrm{d}I}{\mathrm{d}V}(x,y)$ 两峰之间的距离常是 NiO 晶格常数的整数倍，如图 6-3（c）所示。

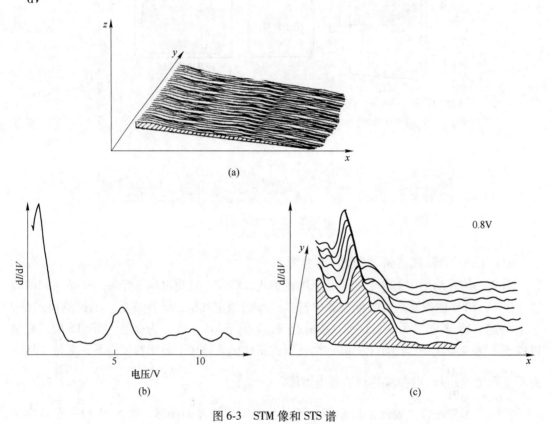

图 6-3　STM 像和 STS 谱

（a）STM 像，$V=0.8\text{V}$，显示表面轮廓形貌；（b）dI/dV-V 曲线，
0.8V 处有 NiO 特征峰；（c）dI/d$V(x,y)$ 谱像

6.1.2　STM 仪器结构

　　扫描隧道显微镜的主要部件是压电陶瓷结构驱动的三维扫描系统，调控针尖在试样表面扫描，取得信号由反馈电路系统调控在显示器上成像。

　　6.1.2.1　STM 的三维扫描结构

　　式（6-4）表明，隧道电流强度对针尖与样品表面之间距非常敏感，如果距离 S 减小 0.1nm，隧道电流 I 将增加一个数量级。利用这一特性，在 STM 中把针尖装在压电陶瓷构成的三维扫描架上，如图 6-4 所示。通过改变加在陶瓷上的电压来控制针尖位置，在针尖和样品之间加上偏压 V 以产生隧道电流，再把隧道电流送回电子学控制单元来调控加在 Z 陶瓷上的电压，以保证在针尖扫描时针尖间距恒定不变。即工作时在 X、Y 陶瓷上施加扫描电压，针尖便在表面上扫描。扫描过程中表面形貌起伏引起电流的任何变化都会被反馈到控制 Z 方向运动的压电陶瓷元，使针尖能跟踪表面的起伏，以保持电流恒定。记录针尖高度作为横向位置的函数 $Z(X、Y)$ 就得到了样品表面态密度的分布或原子排列的图像，这是 STM 最常用的恒定电流的工作模式，如图 6-5（a）所示。它可用于观察表面形貌起伏较大的样品，而且可通过加在 Z 方向陶瓷上的电压值推算表面起伏高度数值。

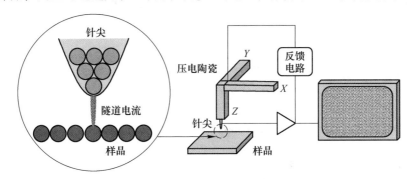

图 6-4　STM 压电陶瓷的三维扫描结构示意图

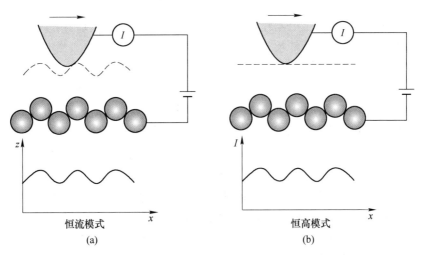

图 6-5　STM 工作的恒流模式（a）和恒高模式（b）

　　STM 的另一种工作模式为恒定高度模式，如图 6-5（b）所示。此时控制 Z 陶瓷的反馈回路虽然仍在工作，但反应速度很慢，以致不能反映表面的细节，只跟踪表面大的起伏。这样，在扫描中针尖基本上停留在同样的高度，而通过记录隧道电流的变化得到表面态密度的分布。一般的高速 STM 在这种模式下工作，由于在扫描中针尖高度几乎不变，在遇到起伏较大的样品表面（如起伏超过针尖样品间距 $0.5\sim1\text{nm}$），针尖往往会被撞坏，因此这种模式只适宜测量小范围、小起伏的表面。

6.1.2.2　针尖位移器

　　实现针尖原子级位移的是压电陶瓷柱组成三维的互相垂直的位移器，压电陶瓷柱是利用压电陶瓷的 d_{31} 压电系数，如图 6-6 所示，在 "3" 方向加电场 E，压电陶瓷在 "l" 方向伸长 Δl：

$$\frac{\Delta l}{l} = d_{31}E \qquad\qquad (6\text{-}6)$$

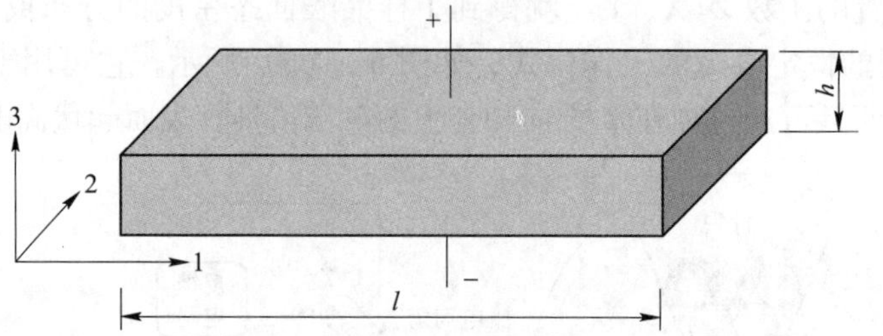

图 6-6 柱状压电陶瓷的结构单元

设压电陶瓷柱尺寸为 12mm×3mm×3mm，$d_{31} = 160 \times 10^{-12}\,\text{m/V}$，当电极之间加 1V 电压时，有：

$$\Delta l = 12 \times 10^{-3} \times 160 \times 10^{-12} \times \frac{1}{3 \times 10^{-3}} = 0.64\text{nm}$$

即位移灵敏度为 0.64nm/V。如电极间电压加 1000V，则伸长 640nm。扫描范围较宽时采用双压电陶瓷片：两条压电陶瓷片黏合在一起，中间引出电极，两个外电极互联，使所加电场方向相反，上边一片伸长、下边一片缩短，促使构件弯曲。当电极间加 100V 时，位移可达 7~8μm。

由于 xyz 位移器在 z 方向的位移量一般较小（约 10nm 量级），使针尖对表面的距离从光学可觉察的距离（10~100μm）调整到 10nm 量级，使用步进马达（step motor，又称 Louse）结构控制。也可利用差动螺纹、减速齿轮或杠杆原理、惯性移动原理调控。

Louse 结构如图 6-7 所示。当给压电陶瓷片的电极加电压时，晶片的 3 个"角"将沿箭头所示方向伸长或缩短。每个"角"对应一个脚（F_1、F_2 和 F_3）。通过静电吸力（图 6-7（a））固定 F_1，而 F_2、F_3 是自由的，当晶片加电压沿 2 个方向伸长后，固定 F_2，放松 F_1、F_3，并解除电压，则晶片中心将向 F_1 和 F_2 合成方向移动一步（图 6-7（b））。当晶片电压加 100~1000V 时，晶片移动的距离可达 10~100nm/步。这种"爬虫式"的移动靠计算机操纵，可以实现针尖在三维方向的自由移动。

STM 仪器结构另一个核心问题是减震，即维持隧道结间隙 s 的稳定性，为使 s 的变化不大于 0.001nm，必须采用严密的振动隔离系统。影响 s 的主要振动有建筑物的 20Hz 谐振，电力电源所引起的 50~100Hz 振动，人步行振动 1~2Hz 振动等。所有这些都会引起 STM 振动，使观察失败。如建筑物 20Hz 的谐振，振幅可达到 150nm 左右，对于 0.001nm 的分辨率这是不可接受的。为此通常 STM 仪器放在由弹性元件构成的防振系统上，常用的有超导磁悬浮、二级弹簧悬浮、不锈钢板和氟橡胶 O 环多层隔离等系统。目前 STM 的减震系统，对大多数频率的振动衰减已经超过 5 个数量级。

6.1.3 STM 应用

就材料分析而言，STM 实验主要包括：针尖制备、样品制备与保护，STM 观察结果分析，以及单原子操纵等。目前的材料分析已经涉及金属材料的贝氏体、马氏体、奥氏体以

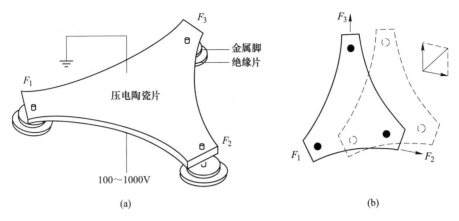

图 6-7 STM 的针尖位移器结构示意图

（a）爬虫结构；（b）爬虫结构移动

及碳化物，薄膜材料的晶须形核与长大、薄膜表面电迁移，无机材料的活性碳纤维、复合陶瓷界面，纳米材料的非晶带表面、纳米晶粒、微晶团簇，材料断裂中的位错、空位、割阶、断裂表面台阶、裂纹形核等，都有成功应用 STM 进行分析的实例。还可以看到用 STM 针尖进行单个原子操纵组成量子器件、生物学单分子加工等的优异工作。

6.1.3.1 样品制备

为获得真实的、高质量的 STM 图像，还必须制备出清洁度极高，具有原子级光洁度的样品。对于不同材料的样品，制备和处理方法都不同。

（1）金属样品：通常采用精密机加工→金相砂纸打磨→抛光（机械、电解）→Ar 离子轰击的方法制备。经 Ar 离子轰击后的样品，其表面的粗糙度可达 0.1nm 数量级，光洁度为原子级。及时对样品进行化学浸蚀，即可获得适于 STM 观察的最佳表面组织形态。若要观察合金内部的组织结构，则需要对样品进行适度浸蚀，浸蚀还具有消除表面污染层及应力应变层的作用。清洁金属表面的 STM 研究应在超高真空环境下进行。

（2）半导体样品：原则上与金属样品的制备过程一样。但要特别注意样品的氧化与污染。制样后即刻放入高真空度的 STM 样品室里进行观察。

（3）陶瓷样品：首先将样品制成薄膜，均匀地覆盖在导电性较好的衬底上；并在样品表面均匀覆盖一层导电性膜。

应该注意的是，在大气环境下制备样品，都存在氧化吸附问题。样品表面的氧化吸附层，既改变了表面的真实组织结构，又降低了样品的导电性能。样品应该在超高真空中直接观察，或者采用适当的保护性液体进行表面防护，液体与样品表面及针尖之间不应发生任何化学反应；液体层不应影响样品的导电性，不影响 STM 进入隧道电流状态，不影响 STM 图像的质量。

6.1.3.2 FAM 的表面形貌观察

STM 观测样品表面的过程中，针尖的曲率半径是影响分辨率的关键因素。针尖的尺寸、形状及化学同一性不仅影响到 STM 图像的分辨率，而且还影响电子态的测量。如果针尖的最尖端只有一个稳定的原子而不是有多重针尖，隧道电流就会很稳定，而且能够获得原子级分辨率图像。另外，针尖表面若有氧化层，则其电阻可能会高于隧道间隙的阻值，从而导致在针尖和样品间产生隧道电流之前，二者会发生碰撞。因此，精确地观测和描述针尖的几何形状与电子特性对于 STM 图像的评估有重要价值。目前的 FIM-STM 联用装置，能在原子级分辨率下观察金属针尖的顶端形貌。

图 6-8 是两种材料的 STM 像。图 6-8（a）是 Sr/Si(100) 表面 $TiSi_2$ 纳米岛的 STM 像；图 6-8（b）是岛的测量轮廓线，纳米岛高度约 600pm，直径 5nm 左右；图 6-8（c）是 H_2SO_4 溶液中，Au(111) 上沉积 Cu 表面吸附的硫酸铜离子形貌；图 6-8（d）是硫酸铜离子的尺寸测量轮廓线，离子高度约 60pm，间隔 0.493nm。

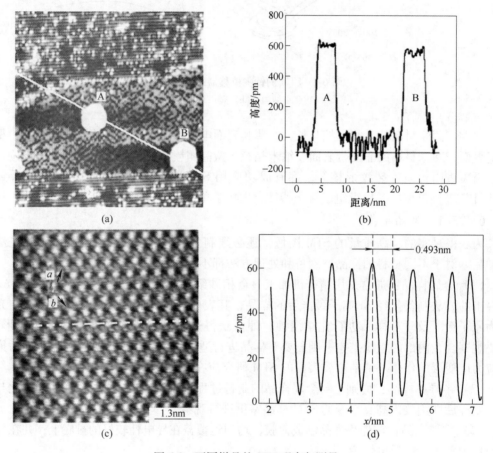

图 6-8　不同样品的 STM 观察与测量
（a）Sr/Si(100) 表面的 $TiSi_2$ 纳米岛；（b）纳米岛的测量轮廓线；（c）Cu 表面的 SO_4^{2-} 离子；
（d）SO_4^{2-} 离子的测量轮廓线

6.1.3.3　STM 原子操纵

STM 操纵原子主要包括单原子移动、提取和放置。主要方法是在针尖和试样之间施加一适当幅值和宽度的电压和脉冲，一般为数伏电压和数十毫秒宽度。由于针尖与样品的距离非常近，为 0.3~1.0nm，因此在电压脉冲作用下，在针尖和样品之间会产生一个 $10^9 \sim 10^{10}$ V/m 数量级的强大电场。表面上的原子会在电场蒸发下，被移动或提取，并在表面留下原子空位，实现表面单原子的移动和提取操作。同样，吸附在 STM 针尖的原子也可能在强电场蒸发下沉积到样品表面，实现单原子放置操纵。

单原子提取的可能机制有：强电场作用下的键断裂，自由原子通过扩散到达表面的一个新位置；自由原子与针尖原子碰撞，被散射到新位置；自由原子先吸附到针尖上，在某种条件下离开针尖再回到表面。

STM 操纵原子有横向和纵向两种模式。横向操纵是指被操纵原子始终在试样表面移动，原子键不断裂；纵向操纵是指把单个原子从表面提起使之吸附到针尖上而脱离表面，原子键会发生断裂。

横向操纵通常采取恒流模式，试样在成像模式观察，确定吸附原子的位置。调高隧道电流，把针尖下降到被操纵原子上方某个高度以增强针尖对吸附原子的作用力。保持恒流模式，横向移动针尖把吸附原子移到某个预定位置。降低隧道电流以提升针尖，留下吸附原子，STM 回到成像模式。纵向操纵通常是针尖和表面之间施加强电场，通过改变电场的极性完成提取和放置吸附原子。

人们已经在 Cu(111) 表面实现了 Cu 原子、Pb 原子、CO 分子的横向移动；从 MoS_2 中提取 S 原子、在 Cu 表面排列 48 个 Fe 原子形成的量子栅栏（图6-9（a））、用 101 个 Fe 原子写下"原子"汉字（图6-9（b））、在 Ni(110) 表面上移动 Xe 原子构成超高速双稳态电子开关等。

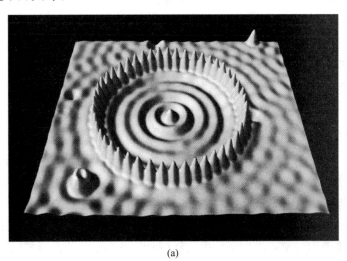 

(a)   (b)

图 6-9　STM 的原子操纵

（a）Fe 原子构成栅栏；（b）Fe 原子组成汉字

6.1.3.4　应用举例

A　Ga/Si(111) 表面结构

文献（Surface Science，2019，682）使用 STM/STS 研究 Ag 在 Ga/Si(111)($\sqrt{3} \times \sqrt{3}$) $R30°$结构上的形成机制。首先以渗硼的 P 型 Si 作衬底，把 Ga 蒸镀到 Si(111)−7×7 表面上，经 550℃ 加热形成 Ga/Si(111)−$\sqrt{3} \times \sqrt{3}$ 表面结构，然后在室温下对该表面蒸镀 Ag。用 W/Ir 双针尖的变温 STM（variable temperature STM）观察分析 Ag 膜的生长。图6-10 是 Ga/Si(111)−$\sqrt{3} \times \sqrt{3}$ 表面的 STM 图像。

观察到表面的大部分是 Ga 原子，存在空位、空洞和置换原子 3 类缺陷。其中最普遍

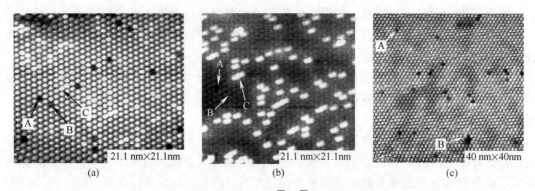

图 6-10　Ga/Si(111)-$\sqrt{3}\times\sqrt{3}$表面的 STM 像

（a）偏压和电流分别为 2V、0.1nA；（b）偏压和电流分别为-2V、0.1nA，有双尖引起的伪影；

（c）偏压和电流分别为 2V、0.1nA

的是 Si 置换原子（标记为 C）。在图 6-10（a）~（c）中，它们在空态和填充态图像中都以亮原子的形式出现。在空态图像（6-10（a））中，Si 置换原子与 Ga 原子的高度差 ≈ 0.04nm，而在填充态图像（图 6-10（b））中，高度差 ≈ 0.08nm。这种差异是置换硅原子与底层硅原子之间的键长大于 Ga 原子与底层硅原子之间的键长形成的，Si 置换原子有剩余的悬空键也可以形成这种差异。在空态图像中的缺陷中以黑洞（A）或空位（B）的形式出现。其中一些黑洞是真正的空穴，但其他是硼一类的置换原子。图 6-10（b）所示的 STM 图像出现双针尖形成的伪影，在 Si 置换原子上略有增强。

　　图 6-11 是 Ga/Si(111)-$\sqrt{3}\times\sqrt{3}$表面 30° 上 Ag 膜的 STM 像。图 6-11（a）是沉积 0.4ML 的形态。Ag 成为不规则的 2D 岛状，在 Ga/Si(111)-$\sqrt{3}\times\sqrt{3}$表面上有利于 Si 置换原子的位置形成。第一层 Ag 以三重对称的原子列形式生长，方向为 $\sqrt{3}\times\sqrt{3}$表面的 30°，就是底层 Si(111) 衬底的 1×1 方向。在整个表面被第一层覆盖之前，岛状的第二层已开始生长。沉积 2ML 时 Ag 生长成薄膜，如图 6-11（b）所示。每片间距大约等于 Ag(111) 面间距（0.236nm）；薄膜含有较大的空洞和沟谷，是 Si 基板上的 Ag 薄膜的常见特征。沉积量增加到 3.3ML，整个表面被薄膜均匀覆盖之前开始生长新层（图 6-11（c）），薄膜边缘

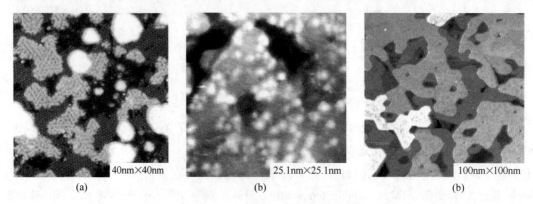

图 6-11　Ga/Si(111)-$\sqrt{3}\times\sqrt{3}$表面不同厚度 Ag 膜的 STM 像

（a）0.4ML，2V，0.5nA；（b）2ML，-1.5V，0.04nA；（c）3.3ML，2V，0.1nA

的波纹是由于大面积扫描时，需要提高反馈回路的增益，导致针尖震荡形成的。可以看出，薄膜的形态取决于沉积方法。当 Ag 小量沉积时形成细碎的沟谷结构；增大一次沉积量则形成均匀薄膜。这可能是更长的沉积时间促进了薄膜的扩散和表面弛豫的结果。

图 6-12 是把 STM 尖端放置在表面上的固定高度，使针尖扫描并改变偏压时，记录电流得到的谱线，显示出 1~4ML 不同厚度 Ag 膜测量的谱线数据，经归一化处理 $\left(\dfrac{\mathrm{d}I}{\mathrm{d}V}\Big/\dfrac{I}{V}\right)$ 以体现态密度。在 1ML 谱中，右侧局部的最小值发生费米消减，这可能是 Ag(111)1×1 表面态（surface state，SS）的前体。所有 4 条谱线都显示出费米能级的欧姆行为，因此可以推断出具有金属性质。除了 SS，2~4ML 谱线中在费米能级以下可以观察到 2 峰和 3 峰，随着银膜厚度的增加，这些峰的能量向费米能级移动（见 2ML、4ML 的 $n=1$ 和 $n=2$）。3ML 谱线显示两个分开的峰，而 4ML 谱线具有 3 个，结合角分辨光电子能谱（angle-resolved photo electron spectroscopy，ARPES）分析，这些峰是 Ag 膜和基体的量子阱（quantum well state，QWS）耦合的结果。

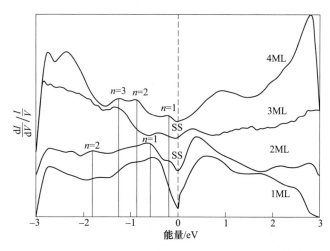

图 6-12 不同厚度 Ag 膜的 STS 谱线

B 单原子操纵

图 6-13 是 STM 操纵 Mo 原子形成的量子器件（Nature，2000，403（512））。图 6-13（a）中 Co 原子在 Cu(111) 衬底上排列成一个椭圆，其左焦点放置有一个 Mo 原子。图 6-13（b）是 $\mathrm{d}I/\mathrm{d}V(x,y)$ 隧道谱像，在没有 Co 原子的焦点处也出现信号，称为量子海市蜃楼（quantum mirages）。

实验是在超高真空（UHV）中 4K 下由扫描隧道显微镜（STM）进行的。针尖由多晶体 Ir 丝制备，衬底是单晶铜的（111）晶面，经过 Ar 离子溅射和 UHV 退火清洗。样品冷却到 4K，Co 计量蒸发达到 13 原子/10nm^2。操作针尖吸附原子进行滑动来定位 Co 原子形成椭圆形围壁。Co 原子之间的平均间距大约是衬底 Cu(111) 晶面上的 4 个原子点位，最近邻间距在 $T=4\mathrm{K}$ 时约为 0.255nm。椭圆由 36 个 Co 原子组成，椭圆离心率 $e=1/2$，左焦点处有一个 Co 原子。

在 $V=10\mathrm{mV}$，$I=1\mathrm{nA}$ 成像条件下获得椭圆图像（图 6-13（a）），图像尺寸为 150×

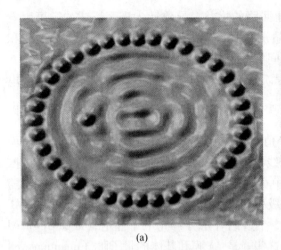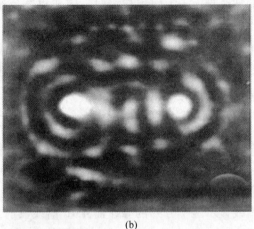

(a)　　　　　　　　　　　　　　　　　　(b)

图 6-13　STM 操纵 Mo 原子形成的海市蜃楼

（a）36 个 Co 原子在 Si 沉底上形成椭圆，左焦点有一个 Mo 原子；

（b）dI/d$V(x,y)$隧道谱像，在没有 Co 原子的焦点处也出现信号

10^{-20}m^2。做 dI/dV 图（图 6-13（b）），并去除背地以显示 Kondo 特征。显示出椭圆上发生 Kondo 共振，一个信号位于左焦点的真实 Co 原子上，而另一个信号则集中在右焦点空位处。测量左侧占据焦点附近的 dI/dV，与右侧未占用焦点的相应光谱进行比较，除了 Kondo 信号有所衰减，两者的共振线形状、宽度和零偏压漂移都是相等的。证明右焦点的海市蜃楼是左侧真实原子的光谱复制。

　　把真实原子或幻影原子向着椭圆中心移动 0.5nm，Kondo 信号迅速崩溃，这与 dI/dV 图像一致，证明这是把 Co 原子的幻影通过局部电子结构从占据的左焦点投射到未占据的右焦点，从而产生了量子海市蜃楼。Cu(111) 表面含有二维自由电子气，置于表面的 Co 原子浸入二维电子海中，这些电子就是形成量子海市蜃楼的投射介质，如果将散射体放在一个焦点上，则所有散射体波将在另一个焦点处相位叠加相干。

　　如果 Co 原子放置在椭圆内焦点之外的其他位置，或者焦点处置换成非磁性散射体（S、CO），都不能显示出 Kondo 效应。

　　这种原子海市蜃楼的潜在应用，在于非接触检测受到电磁微扰的遥远原子或分子，或者形成超越电子结构的"远距离光谱"，检测振动或磁激发等行为。

6.2　原子力显微镜

6.2.1　原子力显微镜工作原理

　　原子力是一种表面力，主要包括范德华力、静电力、磁力等。利用隧道电流、光束偏转或压敏电阻等方法，可以检测到微细针尖与物体之间的原子力，形成待测物体的表面形貌像，也可以用于检测微纳材料的力学性能及进行微纳结构加工。

6.2.1.1　原子力的性质

原子力显微镜是利用微小针尖（探针）与物体之间的相互作用力，研究待测物表面形

貌和物理化学性质。图 6-14 是样品表面势能 U 和表面力 F 随表面距离 z 变化的曲线。横轴是样品和探针之间的距离，纵轴是势能 U 和表面力 F，曲线成倒置的近似抛物线型。在平衡距离 $z = z_0$ 处，势能最低，表面力为零。当距离 z 减小，即探针靠近样品时，势能增加，表面力正向增加；当探针远离 z_0，势能增加，表面力负向增加，达到最大值后负向力减小，在无穷远处势能和表面力都达到零，其中的势能：

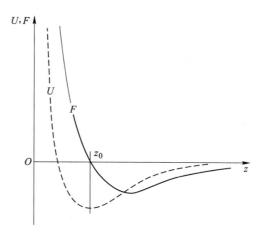

图 6-14　样品表面势能 U 和表面力 F 随表面距离 z 的变化

$$U = -\frac{a}{z^6} + \frac{b}{z^{12}} \tag{6-7}$$

式中，a 和 b 为材料常数。力的测量通常用弹性元件或杠杆（称为微悬臂），有：

$$F = k\Delta z \tag{6-8}$$

式中，F 为所施加力；Δz 为位移；k 为已知的微悬臂材料的弹性系数。测出 Δz 即可以算出力 F。要测量很小的力，k 和 Δz 都必须很小。在减小 k 时，测量系统的谐振频率 f_d 降低，有：

$$f_d = \frac{1}{2\pi}\sqrt{\frac{k}{M}} \tag{6-9}$$

如 f_d 低，振动影响将较大。因此在降低 k 的同时必需降低质量 M。由于微纳加工技术的进步，已经可以制作出 k 和 M 都很小的微悬臂或弹性元件。如图 6-15 所示的由 Au 箔做的微悬臂，其质量为 10^{-10} kg，谐振频率 $f_d = 2$ kHz，从公式算出：$k = 2 \times 10^{-2}$ N/m。在 AFM 中，利用 STM 测量微悬臂的位移，Δz 可小至 $10^{-5} \sim 10^{-3}$ nm，因此用 AFM 测量最小力的量级为：

$$F = k \cdot \Delta z = 2 \times 10^{-2} \times (10^{-14} \sim 10^{-12}) = (10^{-16} \sim 10^{-14})\,\text{N}$$

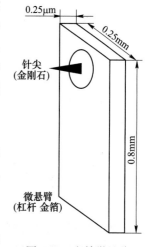

图 6-15　金箔微悬臂

AFM 利用 STM 技术，针尖半径接近原子尺寸，如果所加弹力小于 10^{-10} N，在空气中测量表面形貌，横向和纵向分辨可以达到或优于 0.15nm 和 0.05nm。

6.2.1.2　原子力显微镜的信号检测

原子力显微镜利用微悬臂感受和放大探针与样品之间的作用，检测原子之间的接触、原子键合、范德华力等表征样品的表面特性。

FAM 的基本工作原理：将一个对微弱力极敏感的微悬臂一端固定，使另一端的探针接近或接触样品表面。探针受到表面极微弱排斥力的作用，控制这种力的恒定并使针尖在样品表面扫描。由于样品表面的凸凹不平，带有探针的微悬臂保持排斥力的恒定而在垂直于样品的表面方向起伏运动。可测得微悬臂对应于扫描各点的位置变化，从而获得样品表面形貌的信息。主要有隧道电流检测法、光学检测法和压敏电阻检测法。

A　隧道电流检测法

图 6-16 是 Binnig 在 1986 年提出的 AFM 的结构原理图，由 STM 和 AFM 两部分组成，主要部件为 STM 探针、AFM 探针和两套压电晶体及控制机构，通过减震的氟橡胶固定在基座上。AFM 的针尖 A 在微悬臂的一端，微悬臂的背面是 STM 的针尖 S 的"样品"。首先调整压电晶体使 S 针尖靠近"微悬臂试样"，形成隧道电流 I_{STM} 达到某一固定值，并开动 STM 的反馈系统使 I_{STM} 自动保持稳定。当 A 针尖距离样品较远，没有"感知"到原子力时，微悬臂处于悬浮状态，发生振动使 STM 图像形成较大噪声。此时调整 AFM 样品的 z 轴使其接近 A 针尖。当其感知到原子力时，微悬臂受到束缚振动消失，STM 图像立刻变得清晰。

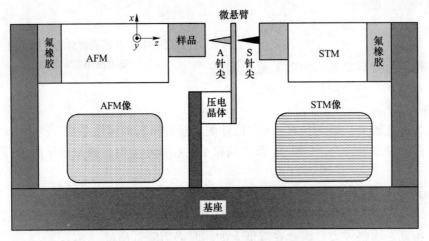

图 6-16　STM 法的原子力显微镜结构原理图

设样品表面势能和表面力的变化如图 6-14 所示。在距离样品表面较远时表面力是负的（吸引力），随着距离变近，吸引力先增加然后减小直至为零。当进一步减小距离时，表面力变为排斥力，并且表面力随距离进一步减小而迅速增加。因此，样品向 A 针尖靠近时，微悬臂首先感到样品的吸力向左倾，隧道电流 I_{STM} 将减小，STM 的反馈系统将使 STM 针尖向左移动 Δz 距离，以保持 I_{STM} 不变。从 STM 的 Pz 所加电压的变化，即可知道 Δz，从虎克定律即知样品表面对杠杆针尖的吸力 F（$F=-k\Delta z$）。样品继续 z 向移动，样品表面对 A 针尖的吸引力增加，到吸引力最大值时，微悬臂带动的 A 针尖向左倾斜（从 STM 感觉到的 Δz）亦达到最大值。样品进一步右移时，表面吸力减小，位移 Δz 减小，直至样品和 A 针尖的距离相当于 z_0 时，表面力 $F=0$，微悬臂回到原位（未受力）。样品继续 z 向移动，A 针尖感受到的将是排斥力，使微悬臂向右倾斜。样品和 A 针尖之间的相对距离可由 AFM 的 Pz 所加的电压和 STM 的 Pz 所加电压确定，而表面力的大小和方向则由 STM 的 Pz 所加的电压的变化来确定。这样就可求出 A 针尖的顶端原子感受到的样品表面力随距离变化的曲线。

利用 AFM 可以测量样品的形貌。使 AFM 的 A 针尖工作在拒斥力 F 状态（图 6-14），这时针尖相对零位向左移动 L 距离。此后保持 STM 的 Pz 固定不变，使 AFM 样品沿 x 和 y 方向移动。如果样品表面凹下，则微悬臂向左倾斜，于是 STM 的电流 I_{STM} 减小，I_{STM} 控制的放大器立即使 AFM 的 Pz 推动样品向右移动以保持 I_{STM} 不变，即用 I_{STM} 反馈控制 AFM 的 Pz 以保持 I_{STM} 不变。这样，当 AFM 样品相对 A 针尖作 (x,y) 方向光栅扫描时，记录 AFM 的 Pz 随位置的变化，即得样品表面形貌。

B 光学检测法

常用的光学检测方法是光束偏转法，如图 6-17 所示。从激光器发出的激光经透镜聚焦在微悬臂背面的反射面上，反射束进入到位移灵敏的光电二极管检测器。当微悬臂受到原子力发生不同程度的变形时，其反射束的偏移量发生变化，通过反馈回路控制压电陶瓷的 z 方向位移来保持微悬臂偏移量恒定。使承载样品的压电陶瓷做 (x,y) 向光栅扫描，就可以应用 z 向电信号对表面进行成像。

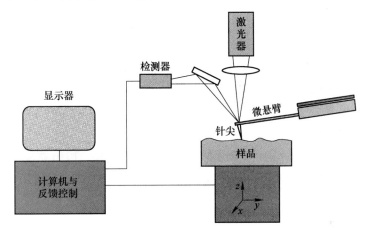

图 6-17 光学法 STM 结构原理图

应用光学原理检测的还有干涉法。应用偏振光，经过双折射棱镜后，分为水平偏振状态（P 态）和垂直偏振状态（S 态）的两束光，前者照在微悬臂顶部（靠近针尖处），后者照在悬臂根部，这两束光被微悬臂反射回来后重新会合发生干涉，偏振相位发生变化，相移程度即反映微悬臂的弯曲程度，检测精度可达 0.001nm。

C 压敏电阻法

压敏材料的特点是其电阻随外加应力的变化而改变。Si 是一种很好的压敏电阻材料。在微悬臂的一侧沉积一定厚度的 Si 薄膜，其固有电阻为 R，作为惠斯登电桥的一个电阻臂，如图 6-18 所示。微悬臂不受力状态下，电桥的 4 个电阻都是 R。当针尖受到样品原子力的作用，微悬臂在应力作用下发生变形，产生附加电阻 ΔR，微悬臂电阻臂的电阻改变为 $R+\Delta R$，通过检测电桥的电位差 (V_1-V_2)，可以计算出压敏电阻数值，ΔR 的变化反映了微悬臂对 Si 施加应力的大小，也就是微悬臂在原子力作用下的变形量的大小。通过压电陶瓷系统驱动探针作 (x,y) 扫描，同时用微悬臂的变形量信号反馈进行样品的 z 向控制，保持恒定的电阻值，探针在样品表面起伏移动，可以形成样品的表面形貌像。

6.2.2 AFM 工作模式

AFM 工作主要有成像模式和力曲线模式。成像模式又分为接触式（contact mode）、非接触式（non-contact mode）和轻敲式（tapping mode）；力曲线模式（force curve）有接触

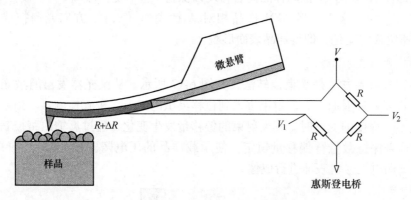

图 6-18　压敏电阻法的 STM 结构原理

力曲线、轻敲力曲线和力分布成像。工作中可以根据样品表面不同的结构特征、材料的特性以及实验目的，选择合适的操作模式。

6.2.2.1　成像模式

A　接触成像模式

接触成像模式如图 6-19（a）所示。针尖始终和样品接触，以恒高或恒力的模式扫描。扫描过程中，针尖在表面滑动，形成稳定的高分辨图像。这种模式不适用于低弹性模量和易变形材料。

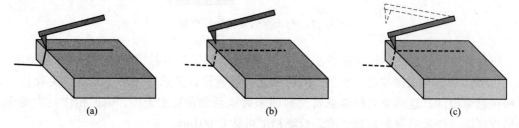

图 6-19　AFM 的 3 种成像模式

（a）接触模式；（b）非接触模式；（c）轻敲模式

在大气环境中，由于毛细作用的存在，针尖和样品之间存在较大的黏滞力，横向扫描时施加在样品上的额外作用力可能会造成样品的损伤，黏滞力同时增大针尖和样品的接触面积，降低成像的分辨率。解决的办法是，由于表面自由能越大黏滞力越强，因此可以通过 AFM 针尖对表面进行修饰，在针尖上涂覆低表面能材料，或者将针尖浸入液体等，可以克服毛细作用带来的影响，有效提高成像分辨率。

如果在上面过程中微悬臂的分析和快速扫描的方向垂直，则针尖除了可以探测到与样品之间的垂直方向的原子力，还会由于针尖与样品之间的摩擦力使得微悬臂横向扭转，这样就可以研究样品表面的微区摩擦性质。横向力测量已经被广泛应用于多组分材料表面的摩擦性质。

B　非接触成像模式

成像中针尖在样品表面上方振动，始终不与样品接触，如图 6-19（b）所示。针尖探测器检测到的是范德华力和静电力等对样品没有破坏的长程作用力，灵敏度较高。但是当针尖和样品距离较长时，成像分辨率较低，不适用于在液体中成像。

C 轻敲模式

这是成像模式。在轻敲模式中，微悬臂在其共振模式附近做受迫振动。振动的针尖轻敲表面，间断地和表面接触，如图 6-19（c）所示。由于接触时间非常短，针尖与样品的相互作用很小，通常为 1 皮牛顿（pN）～1 纳牛顿（nN），剪切力引起的分辨率降低和对样品的破坏几乎消失，所以适合用于生物和聚合物等软物体的成像研究。

轻敲模式 AFM 在大气和液态环境下都可以实现。在大气环境中，当针尖与样品不接触时，微悬臂以最大振幅自由振荡。当针尖与样品表面接触时，尽管压电陶瓷片以同样的能量激发微悬臂振荡，但空间阻隔作用使微悬臂的振幅减小（图 6-20）。反馈系统控制微悬臂的振幅恒定，针尖就跟随表面的起伏，上下移动获得表面形貌信息。轻敲模式同样适合在液态中操作，而且由于液态的阻尼作用，针尖与样品的剪切力更小，对样品的损伤也更小，所以液体中轻敲成像模式可以实现溶液反应的原位观察和活体生物检测。

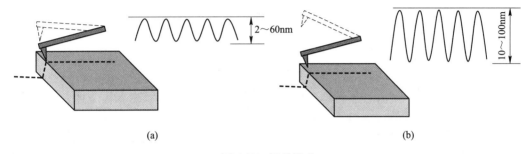

图 6-20 轻敲模式
（a）接触振幅；（b）自由振幅

轻敲模式还有一个重要应用，即相位成像（phase imaging）。通过测定扫描过程中微悬臂的振荡相位和压电陶瓷驱动信号的振荡相位之间的差值，研究材料的力学性质和表面性质。如样品表面的摩擦、材料的滞弹性和黏附性质等；还可以对材料表面的不同组分进行化学识别。

轻敲模式一般采用调制横向振幅恒定的方法进行恒力模式的扫描，也可以采用频率调制技术，测量扫描过程中频率的变化。这种频率调制 AFM 的力检测方式，大幅度提高了噪声处理率和灵敏度，可以获得原子级分辨率的图像。Si(111)表面 7×7 原子结构的观察就是通过频率调制 AFM 获得的。

6.2.2.2 力曲线模式

针尖和样品之间的相互作用力与距离的关系称为"力曲线"（力谱），是实现 AFM 观察的重要特性曲线。

A 接触力曲线

在接触模式的力曲线测量中，压电陶瓷置于当前扫描区域（x,y）的中心位置，停止扫描，仅在 z 方向施加周期性三角波电压信号，使样品周期性地与针尖接近—接触—离开。AFM 的光学系统实时记录微悬臂的变形量并对压电陶瓷管的位移量作图，图 6-21 为典型的接触模式 AFM 力曲线。力曲线中微悬臂的弯曲（距离）与其力学常数的乘积即为针尖与样品之间的作用力。

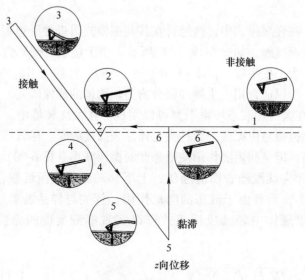

图 6-21　接触力曲线

　　力曲线一般分为非接触区、接触区和黏滞区 3 个区域（图 6-21）。在非接触区（位置 1），针尖离开样品较远，它们之间的作用力可以忽略不计，微悬臂不发生弯曲，力曲线为水平直线。针尖接近样品，它们之间的范德华力使微悬臂向样品表面弯曲。当二者接近到某一点（位置 2）时，它们之间的引力随距离变化的斜率超过了微悬臂的弹性常数，由于机械不稳定性，二者会突然接触到一起，称之为突触点（snap into contact point），在接触区样品和针尖相互接触而共同移动。如果针尖和样品在接触时都没有发生弹性或塑性变形，样品所走过的距离与微悬臂的弯曲量相同。当样品走至某一预设位置（位置 3）时向相反方向移动，微悬臂的弯曲随之逐渐减小。在位置 4 微悬臂弯曲为零。但是由于针尖与样品间的黏附作用，二者仍粘在一起。随着样品继续向远离针尖方向移动，微悬臂由背向样品弯曲变为面向样品弯曲，这一区为力曲线的第三区——黏滞区。当微悬臂积蓄的弹力超过二者之间的黏滞力时，针尖突然与样品离开，微悬臂恢复非弯曲状态，力曲线又重新进入非接触区（位置 5 到位置 6），5 位置称为"崩离点"（pull off point）。由这一点到位置 6 之间微悬臂弯曲的差值可以计算出针尖与样品之间的黏滞力的大小。

　　检测 AFM 力曲线上针尖与样品接触区斜率的变化，可以得出纳米尺度上力学性能。对于刚性样品，针尖与样品接触以后，样品走过的距离与 AFM 微悬臂的弯曲量相等，力曲线斜率为 1。对于塑性样品，针尖有可能插入样品内部，微悬臂的弯曲量小于样品走过的距离，其斜率小于 1。利用这种性质，可以研究表面硬度及其抗磨损能力。有力曲线在接触外界压力后的那部分曲线的斜率，可以对弹性模量、杨氏模量等进行精确确定，根据表面黏滞力的大小还可以解析出样品的某些表面性质，而有非接触区的黏滞区情况可以估计力曲线测定所在介质的黏滞力等参数。

　　B　轻敲式力曲线

　　除接触式力曲线外还有轻敲式力曲线和力分布成像。轻敲力曲线是使针尖反复接近一接触—远离样品，记录振荡的微悬臂的振幅、相位或变形量并对压电陶瓷位移量作图。其相位-频率图可以更为准确地表征样品的硬度、黏弹性等力学性能。力分布成像是以接触或轻敲模式，在 (x,y) 扫描区域内，对每一位置都进行力曲线测量，将作用力对 x 轴和 y 轴作图，得到力分布图，选择不同的模式可以观察到静电力或长程磁力。

6.2.3　原子力显微镜的应用

AFM 可以在大气、真空和液体环境中检测导体、绝缘体和生物样品的微区形貌、微纳尺寸以及局域力学性能等特性，还可以进行微纳加工，使用范围日益广泛。例如，用频率调制 AFM 已经观察到 Si 的原子像，测量出原子的三维尺寸；用 AFM 研究材料表面局域黏滞、摩擦、润滑、纳米划痕等形成机制；实现材料表面微区的硬度、弹性模量、杨氏模量等的精确测量；用金刚石针尖在 Au、Cu 等块体材料和薄膜的表面制备出纳米凹槽结构；利用 AFM 针尖搬动样品表面的原子、分子，改变结构进行性质调制；对 DNA 等生物大分子进行切割等分子操纵，加工成各种复杂图案结构；研究单个生物分子的力学性质和单分子导电性等。

6.2.3.1　试样制备

AFM 的样品制备简单。纳米粉体材料应尽量以单层或亚单层形式分散并固定在基片上。选择合适的溶剂和分散剂将粉体材料制成稀溶液，必要时可采用超声分散以减少纳米粒子的聚集。根据纳米粒子的亲疏水特性、表面化学特性等选择合适的基片，常用云母、热解石墨（HOPG）单晶硅片、玻璃、石英等。研究粉体材料的尺寸、形状等性质，应尽量选取表面原子级平整的云母、HOPG 等作为基片；样品尽量牢固地固定在基片上。纳米薄膜材料如金属或金属氧化物薄膜、高聚物薄膜、有机与无机复合薄膜、自组装单分子膜（SAMs）等，一般都有基片的支持，可以直接用于 AFM 研究。

6.2.3.2　AFM 的表面形貌观察

AFM 分析 Si 单晶表面获得巨大成功。关于单晶 Si 的表面形貌，Takayanagi 提出 (111) 表面 7×7 结构，其基本单元由两个三角形胞，12 个原子构成。STM 一度给出直接观察的原子轮廓线，证实了这一构想。原子力显微镜则得到清晰图像，并测量出原子尺寸，如图 6-22 所示。

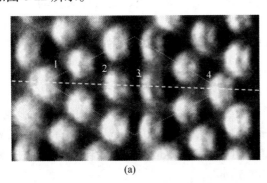
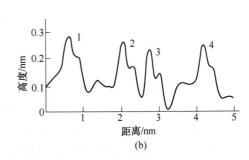

图 6-22　单晶 Si(111) 表面 7×7 结构的 FAM 像（a）及尺寸（b）

图 6-22（a）是 Si 晶体（111）面的原子像，构成虚线四边形的 12 个原子即为 7×7 结

构。沿图中虚线直线进行测量，得到 Si 原子的横向和高度尺寸，示于图 6-22（b）。在扫描方向的界面处每一个原子都有两个峰，这是由于针尖尖端原子的两个悬挂键与 Si 表面原子的悬挂键形成了两个共价键。这种频率调制的 AFM 的力检测方式大大降低噪声并提高了灵敏度，信噪比的增加使图像反差和分辨率都大幅度提高。AFM 在 3 个维度上都可以检测纳米粒子乃至原子的大小尺寸，纵向分辨率可以达到 0.01nm。

6.2.3.3　微纳测量

碳纳米管由于尺寸太小，无法应用传统强度测量技术进行测量。图 6-23 是一个新颖的实验，使用位于扫描电子显微镜内的"纳米应力台"，用双 AFM 尖端来对纳米管施加拉伸载荷，测量单个多层纳米管的拉伸强度。

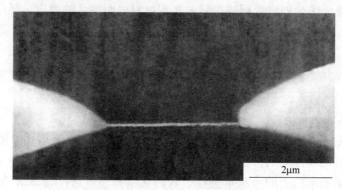

图 6-23　SEM 图像

（通过一对 AFM 针尖测量纳米管强度）

拉伸实验是在 SEM 内进行和观察的。由 AFM 尖端测量施加的应力，拉伸距离由 SEM 图像测量。观察表明，MWNTs 通常在最外层发生断裂，该层的拉伸强度范围为 11～63GPa。对单个多层纳米管的应力-应变曲线分析表明，最外层的杨氏模量 E 为 270～950GPa。用 TEM 检测断裂的纳米管碎片，观察到波浪花样和局域径向塌陷等多种结构。

应用类似的方法，可以测量纳米线、纳米管的弹性模量和强度。图 6-24 是测量纳米弹簧弹性模量的 SEM 像。在 SEM 的样品室中装载微型 AFM，测量在 SEM 观察中进行。SEM 像中，确定图 6-24（a）中箭头所指两点间的距离为原始长度，随着针尖移动弹簧拉伸，记录针尖感知的纳米线弹簧的作用力，从 SEM 像中测量不同应力下纳米弹簧原始长度的伸长量，通过应力-应变曲线分析，可以有效地测量出纳米弹簧的弹性模量。

6.2.3.4　应用举例

A　TiO_2 薄膜测量

文献（Vacuum，2020，182）用 AFM 研究了二氧化钛薄膜厚度对表面结构的影响，薄膜由射频溅射方法制备，厚度分别为 100nm、300nm、500nm、700nm。样品首先在 SEM 中观察，发现表面非常光滑，不同厚度薄膜无明显差别。AFM 观察得到三维图像，如图 6-25所示。扫描面积 10μm×10μm，扫描速度 5μm/s。

AFM 像显示薄膜表面形貌清晰可辨，图 6-25（a）~（d）的薄膜厚度分别是 100nm、300nm、500nm 和 700nm。可以测量出晶粒尺寸和薄膜粗糙度（root mean square，RMS）见表 6-1。

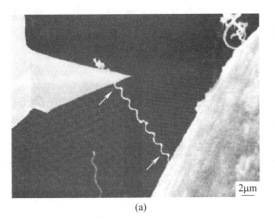 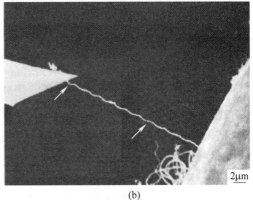

图 6-24 SEM-AFM 联用测量纳米线弹簧的弹性模量

（a）AFM 针尖搭接纳米线弹簧；（b）针尖移动纳米线弹簧拉长

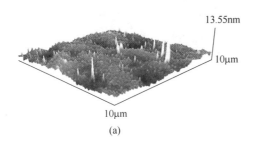 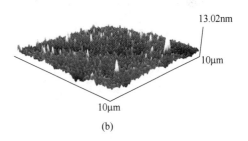

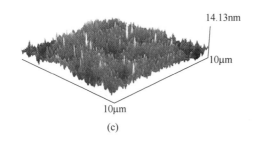 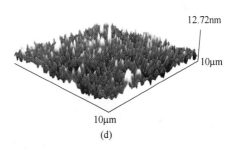

图 6-25 不同厚度 TiO$_2$ 薄膜的 3D AFM 像

（a）100nm；（b）300nm；（c）500nm；（d）700nm

表 6-1 TiO$_2$ 薄膜 AFM 像的测量参数

厚度/nm	晶粒尺寸/nm	薄膜粗糙度/nm
100	11.5	0.72
300	13.2	0.90
500	13.6	1.09
700	15.9	1.22

发现沉积膜的表面形貌受膜厚增加影响。当薄膜厚度由 100nm 增大到 700nm，其晶粒尺寸由 11.5nm 增加到 15.9nm，粗糙度（*RM*）由 0.72nm 增大到 1.22nm。研究还确定，粗糙度对薄膜的硬度等性能有显著影响。

B　疲劳断裂分析

MAR-M247 镍基高温合金在 23℃、700℃ 和 800℃ 进行低周疲劳，研究疲劳损伤机制（Theoretical and Applied Fracture Mechanics，2020，108）。应用探针‑电镜关联技术（correlative probe and electron microscopy，CPEM）在 SEM 中进行 AEM 测量，组合 HRSEM 像和 AFM 像，实现表面形貌的三维重构（图 6-26），AFM 以轻敲模式检测试样表面形貌。

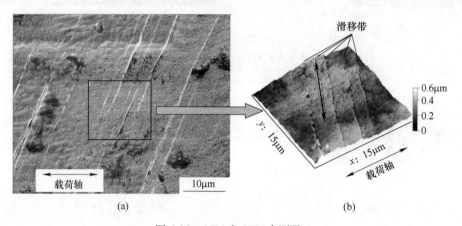

图 6-26　AFM 在 SEM 中测量

(a) SEM 像，方框中为 AFM 测量区域；(b) AFM 像，表面形貌的三维重构与测量

图 6-27 是 23℃ 疲劳试样的表面 SEM 像和 AFM 像。SEM 低倍下观察，疲劳试样表面有多条驻留滑移带（persistent sdlip marking，PSM）和疲劳裂纹（图 6-27（a）），同一晶粒内有两个不同位向，是不同滑移系开动形成的。

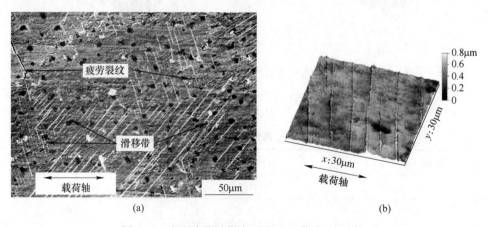

图 6-27　室温疲劳试样表面的 SEM 像和 AFM 像

(a) SEM 像，驻留滑移带（PSM）和裂纹；(b) AFM 三维图像，PSM

（断裂总应变 $\varepsilon_a = 0.52\%$）

AFM 像是表面形貌的三维重构（图 6-27（b）），测量得出挤出脊高度超过 500nm。由于 PMS 的特殊几何形状和 AFM 尖端半径的限制，未能检测到尖锐的疲劳裂纹或挤压沟。

图 6-28 是 700℃疲劳试样的表面 SEM 像和 AFM 像。不同取向的两个晶粒中，在与加载轴夹角为 45°处出现长而窄的 PMS，各晶粒的循环塑性应变局部化，疲劳裂纹主要在氧化晶界和碳化物处或铸件缺陷附近，AFM 所示 PMS 高度约为 550nm，间距在 1.4 ~ 5.1μm，与室温疲劳试样相比，700℃时的 PMS 宽度略有增加。

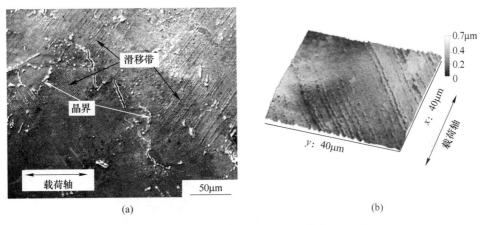

图 6-28　700℃疲劳试样表面的 SEM 像和 AFM 像
（a）SEM 像，两个晶粒中的滑移带和裂纹；（b）AFM 三维图像，同一位向 PMS
（断裂总应变 $\varepsilon_a = 0.50\%$）

800℃疲劳试样的表面滑移带起伏较小。AFM 显示挤出脊最大高度为 393nm，平均间距为 6.8μm，最小间距为 1.7μm，最大间距为 8.7μm，低于室温和 700℃时试样。

观察还发现，800℃疲劳试样表面出现波浪状浮凸，图 6-29 是这种浮凸的 SEM 像（图 6-29（a））和 AFM 像（图 6-29（b））。波浪宽度在 1~2μm，长 5~80μm，其端点处有二次疲劳裂纹。STEM-EDX 分析揭示这种浮凸主要由 Ni 和 Co 的氧化物组成。

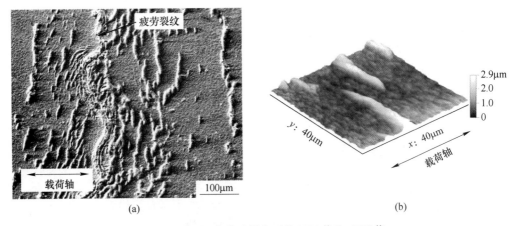

图 6-29　800℃疲劳试样表面的 SEM 像和 AFM 像
（a）SEM 像，波浪状浮凸；（b）AFM 三维图像，氧化表面上的 PMS
（断裂总应变 $\varepsilon_a = 0.45\%$）

结合 TEM 位错组态分析确定，MAR-M247 镍基高温合金在 23℃和 700℃疲劳，{111} 面上的位错滑移带在表面形成局域塑性变形，产生由挤出脊和挤压沟组成的驻留滑移带（PSM）；23℃下挤压沟为初级裂纹形核点。疲劳温度提高到 700℃，PSM 对疲劳裂纹萌生的影响减小。在 800℃时位错排列发生了显著变化，{111} 面上形成超晶格层错带（superlattice stacking fault，SSF），PSM 成为短棒状，疲劳裂纹在缺陷和碳化物处产生。

思 考 题

6-1 概念理解：

隧道效应；隧道电流 $I(S)$；STS 谱；Louse 结构；STM 原子操纵；原子力；接触力曲线；轻敲力曲线；微纳测量。

6-2 在 FIM、STM、AFM 等实验中都强调针尖的制备，试述有何区别。

6-3 用 STM 分析 Cu 基体上沉积硫酸盐（Electrochimica Acta，2016，217），得到 STM 像、STM 像的 FFT、Cu 和碳酸盐的 IFFT 过滤像，如图 6-30 所示。

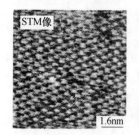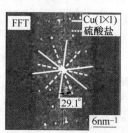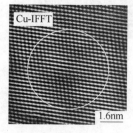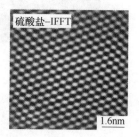

图 6-30　题 6-3 图

试说明：（1）由 FFT 花样分析 STM 像的相组成；（2）能否确定 IFFT 像中晶面的指数？（3）Cu-IFFT像白线环中的暗影为 Moiré 条纹，这表明 STM 像显示的沉积层结构有何特点？

参 考 文 献

［1］马如璋，徐祖耀．材料物理现代研究方法［M］．北京：冶金工业出版社，1997.

［2］赵伯麟．薄晶体电子显微像的衬度理论［M］．上海：上海科学技术出版社，1980.

［3］郭可信，叶恒强．高分辨电子显微学［M］．北京：科学出版社，1985.

［4］王蓉．电子衍射物理教程［M］．北京：冶金工业出版社，2002.

［5］陆家和，陈长彦．现代分析技术［M］．北京：清华大学出版社，1995.

［6］吴杏芳，柳得橹．电子显微分析实用方法［M］．北京：冶金工业出版社，1998.

［7］进藤大辅，平贺贤二．材料评价高分辨电子显微方法［M］．刘安生，译．北京：冶金工业出版社，2001.

［8］进藤大辅，平贺贤二．材料评价的分析电子显微方法［M］．刘安生，译．北京：冶金工业出版社，2001.

［9］黄惠忠，等．纳米材料分析［M］．北京：化学工业出版社，2003.

［10］黄孝英．透射电子显微学［M］．上海：上海科学技术出版社，1987.